# DERNIERS PERFECTIONNEMENTS

## APPORTÉS AU

# DAGUERRÉOTYPE,

### Par MM. Gaudin et N.-P. Lerebours.

**TROISIÈME ÉDITION,**

Augmentée de l'emploi de l'IODURE DE BROME sans boîte à iode;
d'un procédé pour COLORER LES ÉPREUVES et les FIXER A FROID; de leur reproduction
en cuivre, et de leur dorure par la GALVANOPLASTIE, etc.;

ET SUIVIE

D'UNE NOTICE SUR L'EMPLOI DE L'EAU BROMÉE, PAR M. H. FIZEAU.

## MAI 1842.

## Prix : 2 fr.

## PARIS.

### N.-P. LEREBOURS,

OPTICIEN DE L'OBSERVATOIRE ET DE LA MARINE, PLACE DU PONT-NEUF, 13;

### BACHELIER,

QUAI DES AUGUSTINS, 55;

A LONDRES, CLAUDET, 89, HIGH HOLBORN;

*Et chez les principaux opticiens de la France et de l'étranger.*

# DERNIERS PERFECTIONNEMENTS

## APPORTÉS

# AU DAGUERRÉOTYPE.

IMPRIMÉ PAR BÉTHUNE ET PLON, A PARIS.

# DERNIERS PERFECTIONNEMENTS

APPORTÉS AU

# DAGUERRÉOTYPE,

Par MM. Gaudin et N.-P. Lerebours.

**TROISIÈME ÉDITION,**

Augmentée de l'emploi de l'*iodure de brome* sans boîte à Iode ;
d'un procédé pour *colorer les épreuves* et les *fixer à froid* ; de leur reproduction
en cuivre, et de leur dorure par la GALVANOPLASTIE, etc. ;

ET SUIVIE

D'UNE NOTICE SUR L'EMPLOI DE L'EAU BROMÉE, PAR M. H. FIZEAU.

MAI 1842.

**Prix : 2 fr.**

## PARIS.

N.-P. LEREBOURS,

OPTICIEN DE L'OBSERVATOIRE ET DE LA MARINE, PLACE DU PONT-NEUF, 13 ;

BACHELIER,

QUAI DES AUGUSTINS, 55 ;

A LONDRES, CLAUDET, 89, HIGH HOLBORN ;

*Et chez les principaux opticiens de la France et de l'étranger.*

# AVANT-PROPOS (1).

———◦◦◦———

Plusieurs excellentes brochures ont été publiées sur le Daguerréotype; mais la science ne s'arrête pas, et les progrès ont été si rapides, si incessants depuis quelques mois, que les instructions mises

(1) Depuis la publication de la seconde édition de cette bro-chure, M. Gaudin a trouvé le moyen d'obtenir des épreuves tout aussi belles et tout aussi rapidement, sans faire usage de la boîte à iode; pour cela, il soumet directement les plaques polies à l'iodure de brome; nous aurions donc pu supprimer les chapitres qui trai-tent de l'ancien procédé; mais nous avons voulu laisser à chacun le choix de la méthode qu'il voudra suivre. Nous avons augmenté cette troisième édition d'un grand nombre d'observations qui nous avaient échappé, et nous y avons ajouté les procédés pour la reproduction des épreuves par la galvanoplastie.

M. Fizeau a bien voulu rédiger exprès pour nous une instruction complète sur la préparation et l'emploi de l'eau bromée. Combien ne doit-on pas regretter que ce procédé soit resté si long-temps iné-dit, quand on songe que c'est en le suivant à la lettre que M. Le-maître, notre habile graveur, a obtenu ses admirables épreuves de la cathédrale de Chartres! (Note de la troisième édition.)

au jour sont actuellement incomplètes. Dans cette instruction pratique, nous nous sommes surtout appliqué à faire connaître la meilleure préparation des plaques et l'emploi de *toutes* les substances accélératrices; lacune qui existait dans les brochures publiées jusqu'à ce jour.

L'appareil normal de M. Daguerre a subi depuis deux ans bien des modifications; on verra plus loin les constructions auxquelles nous nous sommes arrêté. Quant à la partie optique, quoique ses perfectionnements soient moins apparents, elle a subi de véritables améliorations. Quelques opticiens ont cherché quelles étaient les courbes les plus convenables pour éviter ou amoindrir l'aberration de sphéricité, c'est-à-dire pour obtenir une image nette aux bords en même temps qu'au centre de la plaque. Quoique M. Daguerre eût fait de nombreuses recherches à cet égard, les constructions de grandeurs si variées que l'on a exécutées depuis (1) ont dû nécessairement conduire à des courbures obtenues par des méthodes différentes. C'est ainsi que nous présentâmes le premier, il y a deux ans, un appareil propre à faire le portrait en deux minutes. Ce résultat,

---

(1) Nous fîmes, en décembre 1839, un appareil qui nous donna de belles épreuves de 12 pouces sur 15. Si nous citons ce résultat, ce n'est pas que nous le regardions comme une difficulté vaincue, mais seulement pour constater que nous avons toujours été des premiers pour tous les essais relatifs à l'avancement de la photographie.

que l'on trouvait alors rapide, provenait de trois causes : le peu de longueur focale de l'objectif, le bon choix des courbures et l'excellence de la matière. Depuis, nous avons encore amélioré cette construction par le déplacement et les ouvertures mieux raisonnées des diaphragmes. Aujourd'hui, avec le même appareil ainsi perfectionné, en faisant usage du bromure d'iode ou de l'eau bromée, nous faisons des vues en moins d'un dixième de seconde et des portraits à l'ombre en une fraction de seconde (1). Dans les premières, les personnages en mouvement, les voitures, les chevaux, tout est représenté sur l'épreuve ; de là à l'instantanéité il n'y a pas loin.

Nous construisons depuis fort peu de temps, pour les véritables amateurs, un Daguerréotype dont la disposition toute particulière appartient à

---

(1) On a beaucoup parlé des appareils à deux verres construits à Vienne par M. Voiglander. Quoique nous n'ayons à reprocher à cette construction que son prix très-élevé, nous ajouterons cependant que les épreuves faites avec nos petits appareils de 70 fr., ainsi qu'avec les appareils système Gaudin, sont obtenues plus rapidement et ne sont pas moins belles que celles faites avec les appareils allemands (*).

(*) Depuis l'insertion de la note ci-dessus, un opticien français a réclamé ses droits à la priorité des objectifs doubles. Nous n'avons pas à nous poser juge de cette réclamation ; mais il nous semble que, d'après les formules de M. Litrow et les instruments exécutés depuis plus de quinze ans par M. Ploes (de Vienne), tout opticien doit regarder comme prouvé que deux objectifs peuvent supporter une plus grande ouverture qu'un seul, d'un foyer équivalent ; partant avoir plus de lumière.

(Note de la troisième édition.)

M. Gaudin. C'est avec un instrument de ce genre, représenté *fig*. 13, qu'il a fait les beaux portraits et les épreuves instantanées qu'on a pu voir exposés dans notre galerie.

N.-P. L.

# DESCRIPTION DES PLANCHES.

*Fig*. 1. Planchette en bois pour polir la plaque de doublé : on fait entrer les angles de la plaque dans les petites ouvertures des deux pièces de cuivre *a* et *b ;* on aura soin, pour les tableaux en largeur, de polir dans le sens *a c ,* pour ceux en hauteur dans le sens *c b.*

*Fig*. 2. Cette pince sert à fixer sur une table la planchette représentée *fig*. 1.

Lorsque la plaque est polie, comme il est indiqué page 21, on la glisse sous les quatre petites pattes de la planchette *m n m' n', fig*. 6 ; et on l'applique sur la boîte à iode, *fig*. 3. Cette boîte est garnie intérieurement d'un carton *a b* dont l'une des faces se sature tandis qu'on emploie l'autre.

Si l'on s'apercevait que l'on restât trop longtemps à ioder tout en retournant le carton, ce serait une preuve que l'iode contenu *dans* la carde de coton est évaporé ; on en remettra de nouveau, en étendant les parcelles le plus uniformément possible.

Après avoir versé la valeur d'un demi-verre de bromure d'iode dans un pot (*fig*. 4) (1) dont les bords *a b* sont rodés, on y placera la plaque de doublé

_____

(1) Nous avons actuellement des vases à bromer d'une forme

ou la planchette sur laquelle elle est fixée, et l'on recouvrira le tout de la glace dépolie; quand la couche aura atteint la nuance convenable, on la mettra immédiatement à la chambre noire.

Les *fig.* 5 et 11 représentent la chambre obscure. La pièce en cuivre *a b*, formée de deux tubes, porte l'objectif; à sa partie antérieure se trouve un obturateur *i* qui sert à ouvrir et à clore l'ouverture *g* par laquelle passe le faisceau lumineux.

Les *fig.* 6 et 7 sont des accessoires de la chambre noire, toutes deux se glissent dans la rainure *d h*.

Lorsque l'on voudra prendre une vue au Daguerréotype, on commencera par retirer de la chambre noire la boîte à mercure et tout ce qu'elle contient; on glissera le châssis, représenté *fig.* 7, dans la coulisse *d h* de la chambre noire; puis, après avoir ouvert les volets dont cette pièce est formée, on fera avancer le tiroir jusqu'à ce qu'une image parfaitement nette de la vue ou de l'objet qu'on veut reproduire vienne se peindre nettement sur la glace dépolie; on serrera alors fortement la vis *c*, et l'on fermera l'obturateur *i* (1). Après cela on retire le châssis portant la glace dé-

---

plate, pour les plaques nues de l'appareil système Gaudin, et pour nos plaques de toutes grandeurs avec leur planchette. Ces cuvettes sont extrêmement commodes pour toutes les substances accélératrices, et principalement pour l'eau bromée. (Note de la 3e édition.)

(1) Dans nos appareils de 70 fr., le châssis qui porte la glace

polie et on lui substitue celui représenté *fig.* 6, après y avoir introduit la planchette qui reçoit la plaque préparée. Voici comment il faut s'y prendre pour cette opération : après avoir iodé la plaque ( voyez page 24 ), on introduit la planchette *m n m' n'* qui porte la plaque de doublé dans le châssis *c d* qui doit être recouvert de la planchette noire *r s;* puis on introduit ce châssis, ainsi fermé , dans la coulisse *d h, fig.* 5 : on retire rapidement la planchette *r s* en la saisissant par le ruban *t,* on referme bien vite la petite charnière *o s* et l'on ouvre l'obturateur *i.* L'expérience indiquera quelle doit être la durée de l'exposition de la plaque à la lumière. Lorsqu'on aura jugé le temps suffisant, on fermera l'obturateur; et on réintroduira la petite planchette noire *r s* avec les mêmes précautions qu'on avait mises à l'en tirer, c'est-à-dire en couvrant le tout avec une étoffe noire.

Lorsque les localités le permettront, après avoir préalablement choisi la vue· et ajusté au foyer sur la glace dépolie, on transportera tout l'appareil dans une pièce obscure, et là on retirera la planchette *r s* avec sécurité. Après l'exposition de la plaque aux rayons lumineux on fermera seulement l'obturateur, et l'appareil entier sera transporté de nouveau dans ladite pièce; on tournera le petit cliquet *o, fig.* 6 , l'on retirera la planchette

dépolie reste fixe; c'est l'objectif qui marche par le moyen d'une crémaillère : on comprend que le résultat est le même.

*m n m' n'*, et on la mettra dans la boîte à mercure.

La boîte à mercure, *fig.* 8, doit être placée dans une pièce un peu sombre; dans le cas contraire, on la couvrirait d'un drap noir *r s* que l'on ferait retomber sur la glace *p q*. On la développe en tirant un peu avec les doigts *a b* en même temps qu'on pousse les planchettes *c d* qui servent de pieds; après avoir versé le mercure dans l'appareil, on y introduira la planchette qui porte la plaque, dans la position *e f*, et l'on chauffera avec la lampe à esprit de vin jusqu'à ce que le thermomètre *m n* marque 50 degrés.

Quelques instants après on appliquera une lumière contre la glace jaune *u v x*, et, regardant en même temps par celle *p q*, on assistera à la formation de l'image.

Il ne faut pas croire qu'on ne puisse faire de bonnes épreuves sans thermomètre, ce serait une erreur. Avec un peu d'habitude, en chauffant à la lampe avec prudence et en appliquant la main sous la capsule à mercure, on parvient bientôt à apprécier la température la plus convenable aussi bien qu'avec un thermomètre.

*Fig.* 9. L'une des bassines (1) sert à plonger la plaque dans l'eau avant et après l'avoir passée à l'hyposulfite; la seconde bassine sert pour cette sub-

---

(1) Pour toutes ces opérations, nous employons des assiettes en porcelaine, qui sont préférables aux bassines sous tous les rapports.

stance. Pour le lavage après la fixation, on pose la plaque sur le lavoir *a b c d*, et l'on verse dessus l'eau distillée bouillante.

Depuis bien long-temps nous avons supprimé pour nos petites plaques à portrait l'eau distillée et même l'eau bouillante; nous nous servons simplement d'eau filtrée froide, et nous séchons la plaque comme il est dit page 40.

*Fig.* 10. Support pour passer la plaque au chlorure d'or.

*Fig.* 11. Tête de la chambre obscure, garnie d'une glace à surfaces parallèles pour redresser les images. Cette glace ne fait pas partie de l'appareil; nous l'avons représentée toute montée, afin que les personnes qui la demanderaient pussent l'adapter elles-mêmes. Elle se fixe avec le bouton à vis, et doit faire avec le plan *b b* un angle de 45 degrés.

*Fig.* 12. Support mobile pour appuyer la tête pendant que l'on fait le portrait. Il se fixe d'une manière invariable avec l'écrou *x*.

*Fig.* 13. Daguerréotype-Gaudin, décrit page 14. Cet appareil est renfermé dans une boîte carrée qui contient *tout* ce qui est nécessaire pour opérer.

La liste des accessoires est à la suite de la description de l'appareil, pag. 17.

Nous avons pensé qu'il était inutile de représenter sur la planche la boîte à pharmacie, qui est complète, la boîte à plaques, la lampe à esprit de vin, et d'autres pièces qui font partie de nos appareils.

# DESCRIPTION

## DE L'APPAREIL SYSTÈME GAUDIN.

On opère encore plus rapidement avec cet appareil qu'avec ceux que nous présentâmes il y a deux ans. Dans celui-ci, l'objectif se trouve à fleur avec la tête A B. Mais ce qui distingue surtout cet instrument de ceux construits jusqu'à ce jour, ce qui fera apprécier les avantages de cette nouvelle disposition, ce sont les diaphragmes variables $b$, $c$, $d$, qui viennent se placer à volonté devant l'objectif : avec le bouton $a$ on amène en avant des verres l'ouverture la mieux appropriée à l'intensité de la lumière, et aussi à la netteté que réclame le sujet. Deux exemples suffiront pour faire comprendre notre pensée : si l'on veut une vue instantanée avec des corps en mouvement, on devra se servir de la plus large ouverture $d$; car on ne saurait aller trop vite pour reproduire des objets mouvants. Si l'on veut reproduire une vue avec une distinction telle que les objets situés aux bords du tableau soient aussi nets que ceux du centre, on se servira des diaphragmes *b* et *c*. Le portrait d'une personne qui est belle devra être exécuté avec une très-petite ouverture ; car, plus il sera précis, plus il renfermera de beautés : si, au contraire, on doit reproduire une personne qui a des rides, des marques de petite vérole ou bien même des traits peu agréables, on emploiera la grande ouverture, et l'on aura alors un de ces portraits suaves et un peu vagues que les peintres caractérisent par l'expression de flou.

Dans cet appareil, on pourrait mettre au foyer en tirant plus ou moins le tube C D, qui a un frottement serré et régulier ; mais pour éviter d'accomplir à chaque fois cette opération, qui est toujours assez longue et fort délicate, nous engageons à tracer sur le tube intérieur des repères que l'on déterminera avec un grand soin. Pour cela, voici comment on devra s'y prendre : on appliquera sur la face G H I J la glace dépolie ; puis, amenant l'ouverture moyenne *c* devant l'objectif, on dirigera l'appareil vers un paysage. Lorsque l'image sera arrivée à sa plus grande netteté, on tracera une marque sur le tube intérieur. Pour tous les paysages on amènera le tube supérieur sur ce repère. On tracera également un repère à deux mètres, qui est la distance la plus convenable pour reproduire des groupes ; enfin, on fera une troisième marque à un mètre cinquante centimètres, celle-ci pour le portrait : on voit que l'on sera à jamais dispensé de chercher le foyer sur la glace dépolie. Il suffira, en effet, d'amener le tube C D sur le repère et de placer l'objet ou. la personne à une distance *approchée* de celle qui a servi à déterminer ce point. Nous insisterons seulement sur le soin qu'il faut mettre pour tracer ces divisions. Un excellent moyen consiste à placer aux distances indiquées des caractères d'imprimerie qui servent à préciser le foyer (1).

Nous avons dans cet appareil substitué à l'obturateur, qui s'ouvrait et se fermait trop lentement pour obtenir l'instantanéité, un rideau en drap noir qui se place devant l'appareil. Nous avons opéré publiquement devant une multitude de personnes; nous avons décrit ce procédé dans le résumé de nos deux premières éditions : nous sommes donc encore à nous expliquer ce que l'on a voulu dire en attribuant à notre *mystérieux* et innocent diaphragme les insuccès qu'ont éprouvés quelques personnes qui ont sans doute négligé de chercher le maximum de sensibilité des substances accélératrices.

Cet appareil, renfermé dans une boîte, contient

_____

(1) Les difficultés que plusieurs personnes rencontraient pour établir les repères avec précision nous ont engagé à les tracer nous-mêmes. Nos appareils seront donc livrés tout divisés et prêts à servir. (Note de la troisième édition.)

*tous* les accessoires et *toutes* les substances nécessaires pour faire une épreuve , depuis le polissage jusqu'au fixage avec le chlorure d'or ; seulement, il n'a pas de châssis ; la plaque se met à nu
dans l'appareil, et le rideau *m n*, fixé sur la boîte en
bois , sert à masquer et démasquer l'objectif avec
rapidité , ce qui ne pouvait s'exécuter avec les
constructions ordinaires.

---

### LISTE DES ACCESSOIRES CONTENUS DANS L'APPAREIL SYSTÈME GAUDIN.

Boîte à plaques ;

Boîte à mercure avec verre jaune et thermomètre ;

Boîte à iode ;

Sachet de tripoli dans sa boîte ;

Rouge d'Angleterre et potée d'émeri ;

La planchette à polir ;

Le support pour passer les plaques au chlorure d'or ;

Le pot et la glace qui le couvre, pour les substances accélératrices ;

La lampe à esprit de vin ;

Un briquet.

La pharmacie, composée de 8 grands flacons, contient :

Le tripoli;

Le bromure d'iode;

L'eau bromée à l'état de saturation;

L'hyposulfite;

L'esprit de vin;

Le mercure;

L'iode;

Le chlorure d'or tout préparé.

# CHOIX DES PLAQUES.

Pour obtenir de belles épreuves, le choix des plaques est, on le conçoit, chose essentielle; surtout lorsqu'il s'agit de faire des portraits ou d'opérer avec de petits appareils : car, plus les épreuves sont délicates, plus la continuité de la surface métallique doit être parfaite.

On reconnaît le bon plaqué à la blancheur et à la vivacité de son éclat, ainsi qu'à l'absence de stries et de piqûres. Lorsqu'on a des plaques à choisir, le meilleur moyen pour en découvrir les défauts est de souffler à leur surface, de manière à y condenser son haleine, tandis qu'au même instant on examine attentivement les inégalités que le souffle met en évidence.

# POLISSAGE DES PLAQUES.

———••••———

Le polissage des plaques est, sans contredit, l'opération la plus délicate du procédé, et c'est d'elle que dépend en grande partie le succès de l'épreuve; c'est pourquoi il faut y apporter beaucoup de soin et de propreté.

Les plaques à polir se divisent en trois classes; savoir: les plaques neuves, les plaques avec épreuve non fixée, et les plaques avec épreuve fixée. De ces trois espèces de plaques, les plus sûres, pour une nouvelle épreuve, sont celles qui portent leur épreuve avec elles; surtout quand celle-ci n'a pas été fixée, parce qu'alors on en découvre mieux que jamais les défauts. Les personnes inexpérimentées seraient portées à préférer les plaques neuves; mais ce serait à tort: car il est beaucoup plus difficile d'enlever l'écorce d'une plaque neuve, ou si l'on veut sa batiture, que d'effacer une épreuve qui n'a pas été fixée. Quoi qu'il en soit, l'opération est la même, à la durée près, pour ces trois espèces de plaques ; et nous allons supposer, pour commencer, qu'il s'agit d'une plaque avec épreuve non fixée.

Après avoir placé la plaque sur la planchette à polir, *fig.* 1, qui s'ajuste au bord d'une table avec la vis en bois, *fig.* 2 (ou à défaut de planchette sur une feuille de papier sans colle exempte d'impuretés), de manière à se prêter au mouvement de la main de gauche à droite ou d'avant en arrière, on frotte la surface avec un petit tampon de coton sec qui efface plus ou moins l'épreuve et permet ainsi de juger de sa force. Par exemple, si l'épreuve s'efface facilement, sans laisser de trace sensible au souffle, il faudra la frotter moins long-temps que si, après l'avoir frottée au coton sec, on en voit encore tous les détails. Sur la plaque ainsi sondée, on verse alors quelques gouttes d'une huile quelconque, auxquelles on ajoute un peu de tripoli ; ou bien l'on enduit sa surface d'une bouillie faite avec ces deux corps, puis on frotte avec un tampon de coton, d'abord en rond et légèrement, puis avec plus de fermeté dans le sens convenable d'avant en arrière, jusqu'à ce que la surface de la plaque se découvre en grande partie par le poli ; enfin on prend un nouveau tampon de coton, et l'on frotte jusqu'à ce que la plaque paraisse sèche. A ce moment on détache la plaque de sa planchette, pour essuyer ses côtés et son revers avec le tampon dont on vient de se servir. On fixe de nouveau la plaque sur la planchette, on la saupoudre et on la frotte, à plusieurs reprises, avec du rouge d'Angleterre, toujours dans le même sens, en changeant à chaque fois de tampon, et évitant soigneusement de toucher le coton à l'endroit qui doit porter sur la plaque. Enfin, quand le poli est devenu d'un beau noir, l'opération est terminée, et la plaque est prête à subir l'action de l'iode.

Si, au lieu d'une plaque avec épreuve volante, c'est d'une plaque neuve qu'il s'agit, il faut insister davantage sur le polissage à l'huile, afin d'atténuer le plus possible les traces du planage. C'est pourquoi il faut employer plusieurs fois la pâte de tripoli. Pour une plaque avec épreuve fixée, l'usage du tripoli à l'huile doit être prolongé encore davantage et mené avec le plus de régularité possible; sans cela il reste toujours des places où le tripoli ne peut mordre. Il est bien plus sûr encore, lorsqu'on a affaire à des plaques neuves ou à des épreuves fixées, de les frotter avec une substance plus mordante que le tripoli : c'est la potée d'émeri, d'un numéro très-fin; et nous l'employons exclusivement depuis quelque temps à cet usage, en en faisant une pâte avec un corps gras. Le polissage des plaques, sans autre liquide que de l'huile, ne réussit bien que pour les plaques sans trous ni raies profondes; les plaques qui présentent des cavités de nature quelconque doivent être frottées de nouveau avec du rouge mêlé à de l'eau, de l'acide étendu ou de l'esprit de vin. Ce dernier liquide est préférable à tous, par la propriété qu'il possède de dissoudre l'huile et d'en vider les cavités où elle s'était logée ; mais il faut avoir grand soin de n'en pas laisser de traces sur la plaque, car on n'a de belle épreuve qu'à la condition d'opérer sur de l'argent parfaitement net.

# IODAGE.

La plaque ayant été polie comme nous venons de le dire, il ne reste plus qu'à former la couche impressionnable; pour cela on la place, comme toujours, dans une boîte à iode, *fig.* 3, en regard d'une substance imprégnée d'iode, telle que du papier, du carton ou du coton : pour la réussite de cette opération il faut que la couche impressionnable soit égale partout. Pour y arriver il ne faut jamais perdre de vue trois précautions, qui sont : 1° de chauffer légèrement la plaque par le milieu ; 2° de toujours bien fermer la boîte à iode ; 3° de changer souvent la plaque de position, toutes choses qui neutralisent la tendance de l'iode à mordre plus d'un côté que de l'autre soit par disposition électrique, soit par la direction variable des courants d'air chargés de la vapeur d'iode dans laquelle plonge la plaque. A mesure que l'iode produit son effet, il faut épier la nuance de la couche avec le plus grand soin, et, pour agir sûrement, y faire refléter, comme l'a indiqué M. Daguerre, une feuille de papier blanc éclairée par la lumière du jour : par ce moyen on distingue facilement la couleur de la couche et l'on s'assure si elle est homogène. L'homogénéité de la couche d'iodure d'argent est de première nécessité pour obtenir une belle épreuve ; car si on y voit des bandes ou des points causés par le mercure, l'huile ou les cristaux d'iode, il faut de nouveau polir la plaque. D'autres fois la plaque prend vers son milieu une teinte rougeâtre, soit par excès de l'iode dans cette partie, soit par suite d'une épreuve mal enlevée : c'est encore une raison pour la repolir; car, en la soumettant aux composés accélérateurs, toutes ces imperfections trancheraient encore davantage et l'épreuve ne vaudrait rien. Il est désormais inutile, lorsqu'on opère avec les substances accélératrices, de se défier du grand jour lorsqu'on iode la plaque, la clarté même du soleil n'y faisant aucun tort, comme nous l'avons démontré. Il faut donc, de préférence, ioder au grand jour pour mieux examiner la couche d'iodure d'argent. Lorsque la plaque est nue, c'est-à-dire sans planchette, il est très-avantageux d'en échauffer le milieu à la flamme d'une bougie, afin d'activer l'action de l'iode sur cette partie et de compenser la tendance à mordre de préférence sur les bords ; c'est une précaution du reste que nous n'oublions jamais et qui nous a toujours fait obtenir des couches homogènes avec une boîte à iode très-négligée et très-simple.

# EMPLOI

## DES SUBSTANCES ACCÉLÉRATRICES.

### Chlorure d'Iode,
### Bromure d'Iode, Iodure de Brome (1).

Dès que la plaque est iodée à son point, c'est-
à-dire jaune-clair, elle est prête à subir l'action
de l'eau bromée (2), du chlorure d'iode ou du bromure d'iode. Pour effectuer avec succès cette
opération, il faut verser dans un vase conique,
*fig.* 4, ou une de nos cuvettes, la substance accélératrice, et placer la plaque à la partie supérieure du vase de manière à pouvoir fermer
celui - ci complétement avec un plan de verre,
de terre cuite ou d'ardoise.

S'il s'agit de chlorure d'iode, il faut se servir de
la qualité rouge-vif ou jaune, en verser seulement
deux ou trois gouttes au fond du vase et les recou-

---

(1) Nous avons donné le nom d'iodure de brome à ce nouveau
composé qui s'emploie seul, pour le distinguer du bromure d'iode
qui s'emploie après avoir iodé la plaque.

(2) Voyez l'emploi de l'eau bromée, page 68.

vrir d'une couche de coton épaisse de deux doigts, de manière à en modérer l'énergie.

Pour le bromure d'iode, au contraire, il faut verser un demi-verre de liquide sans interposer de coton.

Quand la plaque a été exposée quelques instants à l'action des substances accélératrices, on examine si la nuance de la couche a foncé de couleur; résultat qui s'opère beaucoup plus vite avec le chlorure d'iode pur qu'avec le bromure d'iode étendu d'eau : pour cet examen il est bon d'éviter un grand jour, mais il ne faut pas pousser la précaution au point de se tromper sur la nuance de la couche; car on aurait un résultat fautif, c'est-à-dire des épreuves ou trop faibles ou passées, tandis qu'en laissant la plaque quelques instants exposée à l'action de la substance accélératrice, sans la regarder désormais, on est certain d'avoir compensé tous les accès antérieurs de la lumière.

Pour que le chlorure d'iode produise son effet dans les conditions que nous venons d'indiquer, il faut de quatre à cinq minutes; pour le bromure d'iode étendu, de cinq à dix minutes. Cela varie avec la température et la volatilité des substances.

Quand on opère avec le bromure d'iode, il faut de temps en temps en verser une cuillerée du nouveau, afin d'avoir toujours à peu près la même volatilité.

Si pendant l'exposition aux substances accélératrices il se formait sur la plaque iodée un voile accompagné de petits points blancs, ce serait une preuve qu'il y a excès de chlore ou de brome; et il faudrait y remédier en ajoutant de l'iode en grain au chlorure, et en versant de la dissolution alcoolique d'iode dans le bromure. Si le chlorure d'iode est noir il faut renoncer à s'en servir, à moins de le renforcer par un courant de chlore ou quelques gouttes de brome. Quant au moyen de conserver au bromure d'iode toute sa sensibilité, rien n'est plus simple ; il suffit de verser de temps en temps dans le bromure d'iode quelques gouttes d'eau bromée.

Pour l'iodure de brome, il suffira de le verser dans le vase à bromer, d'exposer la plaque à ses vapeurs dès qu'elle sera polie, et d'observer sa couleur de temps en temps; la couleur rose paraît être la plus sensible : dès que la plaque aura atteint cette couleur, on la portera dans la chambre noire comme précédemment.

Les grains de poussière ou les petits cristaux d'iode qui se déposent sur la plaque, quand on la met et qu'on la sort de la boîte à iode, paralysent dans un rayon assez étendu l'action des substances accélératrices : de là ces points noirs qu'il est si difficile d'éviter; en employant l'iodure de brome, ces taches ne se manifestent plus, et les épreuves sont d'une propreté exquise.

Certaines personnes, qui n'ont pu employer le bromure d'iode avec avantage, ayant attribué leur insuccès à l'insuffisance de notre description, nous allons faire connaître ce que l'expérience nous a appris depuis la publication de notre seconde édition.

Le bromure d'iode étant un composé très-peu stable, surtout lorsqu'il est mélangé avec l'alcool ou l'eau, on ne doit pas espérer une sensibilité toujours égale dès diverses portions de ce liquide extraites successivement d'une même source. En général le bromure d'iode, préparé comme nous l'avons dit, s'appauvrit peu à peu en brome; mais il est facile d'y remédier en versant de temps en temps de l'eau bromée dans le flacon d'approvisionnement, ou dans le pot qui reçoit la plaque. Ainsi du bromure d'iode avec lequel on ferait aujourd'hui des épreuves en une seconde, exigerait dix fois plus de temps au bout d'un mois; mais en y ajoutant de l'eau bromée, il reviendrait immédiatement à sa sensibilité primitive. Outre les symptômes que nous avons indiqués comme provenant d'un excès de brome ou d'iode, il en est d'autres qui mènent au même but: par exemple, si le flacon de bromure d'iode montre une vapeur rouge à sa partie supérieure, il est avec excès de brome; si c'est une vapeur violette, il est avec excès d'iode. Bien que nous ne puissions pas nous-même préciser le point de sensibilité maximum, nous pouvons donner un moyen infaillible d'arri-

ver à cette sensibilité, depuis que nous avons dé-
couvert un bromure d'iode (dit iodure de brome),
qui s'emploie sans la boîte à iode : c'est d'ioder la
plaque d'autant moins que le bromure paraît plus
paresseux; il se pourrait même qu'il fût devenu
de l'iodure de brome, et alors on l'emploierait
tout seul. Si, dans cet état, il donnait encore des
indices de lenteur, on y ajouterait de l'eau bromée. Ainsi corrigé, le bromure d'iode donne des
résultats très-peu variables à cause de la facilité
que l'on a de voir la couche foncer en couleur.
Quand la plaque montre dans un demi-jour une
couche rose et *veloutée*, on est à peu près certain
d'obtenir une belle épreuve.

# EXPOSITION

## A LA CHAMBRE OBSCURE.

La durée de l'exposition à la chambre obscure est peut-être l'opération la plus difficile (pour arriver juste), à cause du grand nombre de conditions qui entrent dans le problème, et qu'on ne peut évaluer qu'approximativement. En effet, il faut tenir compte à la fois de l'intensité de la lumière, de l'éclat de l'objet à copier et de la sensibilité de la plaque : toutes choses qu'on ne saurait mesurer exactement. Il y a encore à faire entrer en ligne la grandeur du diaphragme, la couleur de la lumière solaire et les nuances diverses des objets à copier. Dans cette circonstance, il est une chose du moins qu'il ne faut jamais perdre de vue; c'est la diminution prodigieuse de l'intensité photogénique de la lumière solaire, à mesure que l'astre approche de l'horizon. Ainsi, à midi on pourra obtenir une épreuve au soleil en un quart de seconde; tandis que dix minutes avant le coucher

du soleil, pour peu qu'il soit rouge, il faudra cinq
à six secondes pour obtenir une épreuve d'égale
intensité. C'est la grande difficulté d'évaluer l'intensité photogénique de la lumière solaire vers le
moment de son coucher, qui a porté M. Daguerre
à dissuader de se livrer à la photographie à cette
époque de la journée; néanmoins, en prolongeant
largement la durée de l'exposition à la chambre
obscure, on produit souvent, à ce moment, des
épreuves d'un grand effet.

# EXPOSITION AU MERCURE.

---

Lorsque la plaque a été impressionnée on la porte immédiatement à la boîte au mercure, *fig.* 8; du moins c'est l'usage : mais plusieurs heures de retard ne font aucun tort à l'épreuve. Quand la plaque est placée dans la boîte et le couvercle fermé, on chauffe la cuvette qui contient le mercure, avec une lampe à esprit de vin , jusqu'à ce que le thermomètre marque 50° centigrades ; ou, à défaut de thermomètre, jusqu'à ce que , la lampe étant retirée, le fond de la cuvette brûle sensiblement les doigts : on laisse le tout en repos pendant quelques minutes, puis on regarde l'épreuve ; et si elle n'est pas venue à son point, on chauffe encore en laissant l'effet se produire comme la première fois. Il est bon de noter ici que, lorsqu'on opère avec les substances accélératrices, on doit s'abstenir d'éclairer l'épreuve à travers du verre blanc ; sans quoi la lumière agirait fortement sur l'épreuve, et tous les noirs seraient cendrés. Il faut employer pour cet usage du verre jaune-orangé, si ce n'est

du verre rouge-clair; et encore, avec le verre
jaune, ne faut-il pas abuser de l'usage de la bougie.
Après avoir porté le thermomètre à 50°, il continue de monter de lui-même à 60°; mais on ne doit
pas le porter au delà de 65°, sous peine de cendrer
l'épreuve.

# USAGE DES VERRES DE COULEUR.

Dès que nous eûmes connaissance du rapport de M. Biot sur les recherches de M. Edmond Becquerel, constatant la propriété continuatrice des verres colorés, nous fîmes, en même temps que M. Buron, des essais pour l'application de cette méthode au procédé de M. Daguerre, et nous eûmes à peu près, les uns et les autres, le même succès.

Lorsqu'on veut obtenir une épreuve sans mercure, au moyen des verres colorés, on met la plaque, au sortir de la chambre noire, dans un étui dont l'une des faces est en verre coloré. Si l'on opère sur une plaque passée uniquement à l'iode, c'est le verre jaune que l'on doit employer de préférence, parce qu'il permet de voir facilement les progrès de l'image à travers son épaisseur : avec les plaques soumises aux substances accélératrices, on est forcé d'employer du verre rouge. Dans ce cas, l'étui doit être construit assez vaste pour qu'on

3.

aperçoive l'effet de la lumière rouge, sans ôter la plaque de l'étui, au moyen d'une ouverture à coulisse propre à recevoir l'œil de l'observateur. Par un temps couvert, les verres colorés produisent encore de l'effet; mais la lumière directe du soleil est préférable, et il ne faut pas moins de dix minutes d'action d'un soleil passable pour produire un résultat. Du reste, quand, au sortir de l'exposition au verre de couleur, l'épreuve regardée à la clarté d'une bougie ne paraît qu'indiquée, on la complète en la soumettant, comme d'usage, à la vapeur du mercure.

Quand on opère avec les verres colorés, il est évident qu'on a, plus que jamais, à se défier de toutes les clartés qui pourraient impressionner la plaque, puisque leur effet primitif serait beaucoup amplifié par l'action de ces verres : aussi doit-on faire toutes les opérations qui suivent l'iodage à la clarté d'une bougie, et éviter de faire tomber la clarté directe de celle-ci sur la plaque.

# LAVAGE A L'HYPOSULFITE.

Les épreuves daguerriennes étant, comme nous l'avons démontré, composées d'un sel d'argent insoluble, se dessinant en blanc sur un fond d'argent poli qui paraît noir lorsqu'on fait refléter du noir à la plaque, il est nécessaire d'enlever l'iodure d'argent soluble qui couvre l'argent poli : sans quoi cet iodure d'argent prendrait, sous l'action prolongée de la lumière, un ton gris approchant des blancs de l'épreuve. Pour dissoudre ce composé on a donc recours à l'hyposulfite de soude ou au sel marin, qui le dissolvent assez rapidement. L'action du sel marin ne se manifestant que vers le point de l'eau bouillante, c'est l'hyposulfite que l'on emploie de préférence. La dissolution de sel marin dissout, il est vrai, avec rapidité l'iodure d'argent à froid lorsqu'on tient le revers de la plaque en contact avec une feuille de zinc bien avivé ; mais lorsqu'on fixe ensuite l'épreuve au chlorure d'or, elle se noircit : on s'en tient donc à l'hyposulfite de soude. La dissolution doit être récente, filtrée au papier et assez forte pour dissoudre rapidement la couche. Il faut éviter que l'immersion de la plaque ne se fasse que partiellement; sans cela, il se formerait des marbrures en fixant au chlorure d'or. Lorsqu'on opère sur de petites plaques, la meilleure bassine est une assiette à fond plat dans laquelle on verse un demi-verre d'eau ordinaire, filtrée, avec une cuillerée de la dissolution concentrée d'hyposulfite de soude.

# FIXAGE DES ÉPREUVES.

Quand la couche d'iodure d'argent a été complétement enlevée par l'hyposulfite de soude, ce que l'on reconnaît lorsque la plaque paraît blanche au reflet d'un corps blanc, on lave la plaque à grande eau des deux côtés, en la tenant à la main par un de ses angles. Avant de plonger la plaque dans l'hyposulfite de soude, on doit prendre la précaution d'essuyer son revers et de graisser ses bords en les pinçant entre les doigts de manière à ce qu'ils résistent, par la suite, à l'imbibition du chlorure d'or. La plaque, encore couverte d'eau, étant placée sur un support horizontal en fil métallique, on verse à sa surface la dissolution de chlorure d'or, qui n'a plus de tendance à s'échapper par les bords et à mouiller les épaisseurs, et par là on évite des pertes et des taches; on chauffe alors modérément avec la lampe jusqu'à ce que l'épreuve se soit obscurcie sur toute la surface : à ce moment on suspend l'action du feu, ou bien on le modère; mais, dès que l'image commence à s'éclaircir, on chauffe de nouveau jusqu'à ce que l'épreuve paraisse satisfaisante, ou que la naissance des taches ou des bulles de vapeur force l'opérateur à arrêter le feu. On lave alors l'épreuve à grande eau des deux côtés; puis, la saisissant par un des coins inférieurs, on sèche à la lampe l'un des coins supérieurs que l'on saisit à son tour. On lave de nouveau l'épreuve à grande eau, évitant que cette eau touche aux doigts qui pincent la plaque; enfin on sèche peu à peu l'épreuve à la lampe en commençant par le haut et en soufflant légèrement, afin de hâter la vaporisation du liquide. Par ce moyen, on réussit à laver des épreuves à l'eau ordinaire, filtrée et froide, sans qu'il en résulte aucune tache. Pour plus de sûreté, on pourra suivre le procédé de M. Fizeau tel qu'il l'a présenté à l'Institut; nous le transcrivons ci-dessous en son entier :

« Depuis la publication des procédés photogéniques, tout le monde, et M. Daguerre le premier, a reconnu que quelques pas restaient encore à faire pour donner à ses merveilleuses images toute la perfection possible : je veux parler de fixer les épreuves et de donner aux lumières du tableau plus d'intensité.

» Le procédé que je soumets à l'Académie me paraît destiné à résoudre en grande partie ce double problème; il consiste à traiter à chaud les épreuves par un sel d'or préparé de la manière suivante :

» On dissout un gramme de chlorure d'or dans un demi-litre d'eau pure, trois grammes d'hyposulfite de soude dans un demi-litre d'eau pure (1). On verse alors la dissolution d'or dans celle de soude, peu à peu et en agitant : la liqueur mixte, d'abord légèrement jaunâtre, ne tarde pas à devenir parfaitement limpide. Elle paraît consister alors en un hyposulfite double de soude et d'or, plus du sel marin qui ne paraît jouer aucun rôle dans l'opération.

» Pour traiter une épreuve par ce sel d'or, il faut que la surface du plaqué soit parfaitement exempte de corps étrangers, et surtout de corps gras; il faut par conséquent qu'elle ait été lavée avec quelques précautions que l'on néglige lorsque l'on veut s'arrêter au lavage ordinaire.

» La manière suivante réussit le plus constamment. L'épreuve étant encore toute iodée, mais exempte de poussière et de corps gras sur les deux surfaces et les épaisseurs, on verse quelques gouttes d'alcool sur la surface iodée : quand l'alcool a humecté toute la surface, on plonge la plaque dans la bassine d'eau, puis de là dans la solution d'hyposulfite. Cette solution doit être renouvelée à chaque épreuve, et contenir environ une partie de sel pour quinze d'eau; le reste du lavage s'effectue comme d'ordinaire, seulement l'eau de lavage doit

(1) Ces proportions ne réussissent qu'avec des produits très-purs, M. Fizeau a indiqué les proportions suivantes, qui réussissent plus constamment avec les produits du commerce : 1 gramme de chlorure d'or dans 800 grammes d'eau, et 4 grammes d'hyposulfite de soude dans 200 grammes d'eau.

être, autant que possible, exempte de poussière.

» L'emploi de l'alcool a eu simplement pour but de faire adhérer parfaitement l'eau à toute la surface de la plaque, et d'empêcher qu'elle ne se retirât sur les bords au moment des diverses immersions; ce qui produirait infailliblement des taches.

» Quand une épreuve a été lavée avec ces précautions, fût-elle fort ancienne, le traitement par le sel d'or est de la plus grande simplicité : il suffit de placer la plaque sur le châssis en fil de fer qui se trouve dans tous les appareils, de verser dessus une couche de sel d'or suffisante pour que la plaque en soit entièrement couverte, et de chauffer avec une forte lampe; on voit alors l'épreuve s'éclaircir et prendre, en une minute ou deux, une grande vigueur. Quand l'effet est produit, il faut verser le liquide, laver la plaque et faire sécher.

» Dans cette opération, de l'argent s'est dissous, et de l'or s'est précipité sur l'argent et sur le mercure, mais avec des résultats bien différents. En effet, l'argent, qui par son miroitage forme les noirs du tableau, est en quelque sorte bruni par la mince couche d'or qui le couvre, d'où résulte un renforcement dans les noirs; le mercure, au contraire, qui, à l'état de globules infiniment petits, forme les blancs, augmente de solidité et d'éclat par son amalgame avec l'or, d'où résultent une fixité plus grande et un remarquable accroissement dans les lumières de l'image. »

## RÉSUMÉ.

On devra donc bien choisir les plaques, en les interrogeant avec le souffle; les frotter successivement avec la potée d'émeri, le tripoli et le rouge d'Angleterre; enlever l'huile avec du rouge mouillé d'esprit de vin; enfin, finir la plaque en la frottant vigoureusement au rouge sec. Dans toutes ces opérations il est nécessaire d'observer la plus grande propreté, et de ne jamais épargner le coton; car ce serait une économie mal entendue : pour épargner dix centimes de coton, on courrait risque de rayer les plaques et de manquer ses épreuves. Quand on iode, on doit apporter tous ses soins à obtenir une couche égale d'un jaune clair, que l'on porte au rose au moyen des substances accélératrices. Dès qu'on a versé du bromure d'iode dans le vase conique, *fig.* 4, il faut avoir l'attention de faire disparaître toutes les bulles qui pourraient s'être formées, avant d'y remettre la plaque; sans quoi elles pourraient, en crevant, faire rejaillir des parcelles de bromure d'iode, qui la tacheraient profondément. Quand on doit démasquer la plaque au moyen d'un écran à coulisse, *fig.* 6, on ne saurait trop se mettre en garde contre l'accès de la lumière, et pour cela il est préférable de démasquer sa plaque dans un endroit sombre et de porter ensuite l'appareil à la place qu'on lui aura assignée auparavant. Si l'on veut faire une vue avec des nuages, il faut lever d'abord complétement l'écran flexible en drap, et l'abaisser graduellement jusqu'à la ligne d'horizon, où on le balance plutôt en dessous qu'en dessus, en évitant de revenir jamais à la région des nuages et laissant la vue démasquée au moins huit à dix fois autant que les nuages.

L'exposition au mercure n'est pas en rapport avec la courte durée de l'exposition à la chambre noire. Il faut au moins un quart d'heure pour donner à l'épreuve tout son effet.

Pour le lavage à l'hyposulfite on doit employer une dissolution forte, et y plonger d'un seul coup la surface entière de l'épreuve; s'il y avait des lignes d'arrêt, ces lignes trancheraient infailliblement en fixant au chlorure d'or.

Enfin, quand on veut fixer l'épreuve, on doit s'abstenir de la sécher auparavant, comme nous l'avons dit; et si l'on a affaire à une épreuve qui ait été séchée, il est préférable de suivre les prescriptions de M. Fizeau qui se trouvent imprimées page 40.

# PRÉPARATION DU CHLORURE D'IODE.

Le chlorure d'iode se prépare en faisant arriver du chlore sur de l'iode. Pour cela on met dans une cornue un mélange d'acide chlorhydrique et de péroxyde de manganèse, et l'on réunit, au moyen d'un tube de verre, la cornue à un matras qui contient de l'iode en grain. En chauffant légèment avec une lampe à esprit de vin la panse de la cornue, le chlore se dégage et liquéfie peu à peu l'iode en s'y combinant. Dès que le liquide résultant a atteint la couleur rouge, il est propre à servir, comme nous l'avons dit. Il doit être conservé dans un flacon bouché à l'émeri.

# PRÉPARATION DU BROMURE D'IODE.

Dans une dissolution alcoolique d'iode (1) on verse, goutte à goutte, du brome jusqu'à ce que le mélange devienne d'un beau rouge vif ; puis on l'étend d'eau de manière à produire un liquide d'un jaune vif. C'est le bromure d'iode prêt à servir, pourvu que la proportion de brome soit convenable ; ce que l'expérience seule peut décider.

Il est bien recommandé aux personnes qui voudront préparer elles-mêmes le bromure d'iode, de se défier du rejaillissement du brome en le versant dans la dissolution alcoolique d'iode ; car c'est le plus violent corrosif qui existe, et la moindre parcelle tombée sur les yeux suffirait pour aveugler. Il ne faut pas non plus tenir le brome dans des endroits habités, de crainte que ses émanations, développées soit par la chaleur ou par la rupture du verre, ne viennent se mêler à l'air qu'on respire. Vingt grammes de brome répandus dans une pièce ordinaire en rendraient l'atmosphère mortelle.

---

(1) La proportion d'iode dissoute dans l'esprit de vin n'est d'aucune importance, mais il vaut mieux employer une dissolution saturée d'iode.

# PRÉPARATION DE L'IODURE DE BROME.

Nous nommerons ainsi le bromure d'iode avec excès d'iode, pour le distinguer du bromure d'iode employé précédemment après l'iodage de la plaque. Il se prépare en versant dans du bromure d'iode, avec excès de brome, de la dissolution alcoolique d'iode, jusqu'à ce qu'il se précipite une poudre ayant l'apparence de l'iode. Pour s'en servir, on l'étend d'eau jusqu'à ce qu'il ait la couleur du safran, et une odeur approchant de celle du cidre.

Ce composé étant très-variable, il faut chaque jour le modifier avec la dissolution alcoolique d'iode ou l'eau bromée, en suivant les règles de sa propre expérience.

Il y aura excès de brome si la couche vient d'une manière irrégulière, et excès d'iode si on la juge trop peu sensible.

# PROCÉDÉ

## POUR COLORER LES ÉPREUVES ET LES FIXER A FROID,

### PAR M. GAUDIN.

———••••———

Faites dissoudre 1 gramme de chlorure d'or dans un demi-litre d'eau ordinaire, et 30 grammes d'hyposulfite de soude dans un autre demi-litre d'eau ordinaire ; puis versez la dissolution de chlorure d'or dans celle de soude, peu à peu et en agitant. absolument comme pour la préparation de M. Fizeau, dont celle-ci n'est qu'une variante.

Pour vous en servir, versez-en dans une assiette, ou tout autre vase de même espèce, suffisamment pour couvrir l'épreuve ; puis, après y avoir ajouté une goutte d'ammoniaque, plongez-y la plaque au sortir de la boîte à mercure, après en avoir essuyé le revers et les épaisseurs ; et agitez rapidement de droite à gauche, de manière à dissoudre rapidement la couche d'iodure d'argent, comme à l'ordinaire. Dès que la plaque paraît blanche, on cesse tout mouvement rapide ; mais on continue de balancer légèrement l'assiette; car si on la laissait en repos seulement quelques minutes, il se formerait des nuages sur l'épreuve. Peu à peu la surface de la plaque prend une teinte jaune qui fonce de plus en plus, en tirant sur le bistre. On s'arrête donc à la couleur que l'on désire; et quand l'épreuve a été lavée et séchée, comme il a été dit, elle se trouve fixée sans aucune tache, et avec une surface limpide et un ton chaud extraordinaire. Si l'on augmentait la dose d'ammoniaque ou de chlorure d'or, l'opération irait plus vite; mais le milieu de l'épreuve serait toujours beaucoup plus clair que ses bords. Le liquide peut servir plusieurs fois sans être renouvelé; cependant il ne donne pas une aussi belle couleur aux épreuves que quand il est neuf. En s'arrangeant de manière à communiquer à l'assiette un mouvement continuel, l'épreuve une fois immergée se fixe toute seule. Pendant ce temps-là, tout en faisant autre chose, on épie sa couleur, et, au bout de dix minutes ou un quart d'heure, on la sort du bain pour la sécher.

# DU PORTRAIT.

Lorsque l'admirable découverte de M. Daguerre fut publiée, les gens du monde de tous les pays l'adoptèrent avec empressement. Les artistes se partagèrent en deux camps. Les uns ne virent dans les tableaux que l'on obtenait alors qu'une reproduction sèche et froide de la nature, entièrement nulle sous le rapport de l'art. Les autres admirèrent d'abord l'exactitude des masses unie à la si merveilleuse précision des détails, puis cette admirable dégradation des teintes qui fait de ces tableaux des chefs-d'œuvre inimitables. Mais une préoccupation des plus graves s'empara alors de tous les esprits : pourra-t-on jamais faire le portrait au Daguerréotype? Cette question évidemment se rattachait à celle-ci : Pourra-t-on jamais opérer assez vite pour saisir, à l'ombre, en une fraction de seconde, la physionomie habituelle d'une personne? Nous l'avouerons avec franchise, les portraits que l'on faisait alors, ceux que l'on fit pendant bien long-temps, ne donnaient guère d'espoir, même aux partisans les plus passionnés. En effet, il s'agissait alors tout simplement de poser vingt-cinq minutes les yeux ouverts en plein soleil. Quelques adeptes eurent ce courage, mais on comprend que c'était un dévouement inutile. Au lieu de portraits on retrouvait sur la plaque des figures de suppliciés.

Il y a deux ans nous présentâmes des Daguerréotypes dits à portrait : par des courbures nouvelles et par un raccourcissement considérable du foyer, ces appareils opéraient à l'ombre en deux minutes. C'était, comme on voit, un immense progrès ; mais de là à l'instantanéité il y avait encore un abîme ! Bientôt après, la découverte du chlorure d'iode, par M. Claudet, vint donner une nouvelle impulsion à la photographie. Confident de cette découverte, nous nous empressâmes de la rendre publique par la voie de l'Académie des sciences ; dès lors on put sérieusement songer à reproduire un visage humain : on fit avec ce nouveau procédé de fort belles épreuves, des portraits magnifiques, parfaitement ressemblants, auxquels il ne manquait qu'une seule chose, l'*expression*, c'est-à-dire *tout*. Néanmoins, les établissements pour faire les portraits prirent une extension immense : dans toutes les grandes villes on s'occupa de faire le portrait au Daguerréotype ; et ce qui surprendra sans doute quelques personnes, c'est que dans la ville de Londres les deux seuls établissements de ce genre firent plusieurs fois en une seule journée jusqu'à 1,500 fr. de recette.

4.

Que sera-ce donc aujourd'hui ! N'avons-nous pas l'eau bromée de M. Fizeau, le bromure d'iode et l'iodure de brome de M. Gaudin ! Nous avons fait avec ces substances des épreuves instantanées. Nous disons instantanées, car les vues sont reproduites en un dixième de seconde. On y distingue les voitures et les personnes en mouvement. Les portraits se font *à l'ombre* en un quart ou une demi-seconde, suivant l'intensité de la lumière (1). On comprend qu'avec cette rapidité les portraits ont un délicieux aspect, car il est permis de reproduire sans roideur toutes les mille expressions de la physionomie. On obtient de la même manière des scènes et des groupes charmants de plusieurs personnes, où l'on retrouve la vie, le mouvement et la lumière. Sous le rapport de l'art, il est inutile d'insister sur le parti que les artistes tireront de cette découverte. Ils jugeront de suite de l'effet d'un groupe pour la composition d'un tableau ; ils auront comme modèles des têtes d'expression, des figures et des animaux soit en mouvement, soit au repos, etc.

---

(1) Pour la rapidité, *aucun* appareil ne peut être comparé à l'appareil Gaudin. Les félicitations que nous recevons chaque jour des personnes qui ont vu nos épreuves et qui se servent de nos instruments, nous donneraient assurément, aussi bien qu'à tout autre, le droit de dire : « C'est avec notre appareil qu'on fait les plus beaux portraits. » Nous aimons mieux laisser au public à prononcer.

# DES DISPOSITIONS A PRENDRE POUR FAIRE LE PORTRAIT.

La rapidité avec laquelle on opère permet actuellement de faire le portrait dans toutes les localités et par tous les temps possibles ; néanmoins on devra toujours chercher à se placer dans les conditions les plus favorables.

Pour opérer avec la rapidité que nous avons signalée dans le chapitre précédent, on devra se placer sur une terrasse, en évitant l'exposition aux rayons directs du soleil, dont on se garantira par des gazes ou par des écrans. Dans tous les cas il faudra toujours placer le modèle au-dessous d'une espèce de toit, soit en étoffe, soit en matière solide, de manière que le dessus de la tête et le front ne soient pas trop vivement éclairés. Avec les précautions indiquées ci-dessus, les modèles, recevant de tous côtés de la lumière diffuse, seront éclairés d'une manière à peu près uniforme ; ils seront donc exempts de la dureté inséparable des portraits faits au soleil.

Pour faire le portrait dans l'intérieur d'une chambre, on se placera à quelques pieds d'une haute fenêtre, l'appareil étant placé contre celle-ci : dans quelques localités, par exemple, lorsque les murs de l'appartement sont foncés, on disposera un ou plusieurs draps blancs, de manière à refléter la lumière sur le modèle. Les portraits ainsi obtenus peuvent être éclairés soit de face ou de côté, suivant le goût de l'artiste; ils ont en général plus de modelé que ceux faits en plein air. Dans les circonstances ordinaires, il faut, lorsque la plaque est convenablement préparée avec le bromure d'iode, ou l'eau bromée de 5 à 15 secondes (1).

Enfin, si l'on veut un portrait avec des oppositions fortes, une grande vigueur dans le modelé, on exposera le modèle aux rayons directs du soleil; dans ce cas l'opération devra être faite le plus rapidement possible, l'obturateur $i$ (*fig.* 5 et 11) devra rester ouvert, et l'on fixera un velours noir $x x y y$ (*fig.* 5) sur la chambre, de manière qu'il tombe en avant et masque entièrement l'objectif. C'est ce velours qui devra être soulevé et abaissé sans secousse et très-vivement, car il suffit de le démasquer pendant une fraction de seconde.

Une quatrième manière de faire le portrait con-

---

(1) Nous avons fait pendant toute la belle saison le portrait dans l'intérieur; mais les temps brumeux ne nous permettant plus d'opérer avec une assez grande rapidité, nous venons de faire construire un pavillon entièrement en verre bleu, dans lequel nous exécutons les portraits *par tous les temps* et avec une extrême rapidité.
(Note de la première édition.)
Ce pavillon diminue un peu, il est vrai, la promptitude de l'opération; mais, la personne qui pose n'étant gênée ni par le vent ni par la lumière, la physionomie a un calme que l'on chercherait vainement dans les portraits faits en plein air.
(Note de la troisième édition.)

sisterait à employer une lumière artificielle : les essais que nous avons faits nous autorisent à penser que l'éclairage obtenu avec la lampe Carcel n'est pas assez intense ; mais l'on peut opérer assez rapidement avec le gaz hydro-oxygène projeté sur un morceau de chaux vive.

Au reste, quelle que soit la lumière employée, nous recommandons instamment à tous les amateurs, et bien plus encore aux personnes qui feront du portrait au Daguerréotype un objet de spéculation, d'éclairer convenablement leur modèle, et surtout de lui faire prendre une pose non-seulement harmonieuse, mais encore de choisir celle qui lui est la plus favorable, en ayant soin de ne pas placer les mains beaucoup plus près de l'appareil que le reste du corps. Le sentiment artistique est ici de la plus grande importance, car les deux plus grandes difficultés pour faire de bons portraits résident, selon nous (l'instrument et les matières premières étant, bien entendu, de première qualité), dans la bonne préparation des plaques et dans l'heureux arrangement du modèle.

Nous avons déjà dit quelques mots sur la manière d'éclairer le modèle, nous en ajouterons quelques-uns sur le choix des fonds et des vêtements.

Lors de l'invention du Daguerréotype, un des plus forts arguments pour diminuer le mérite de la découverte était de faire voir le nombre de cas, pour ainsi dire exceptionnels, dans lesquels il

était applicable : ainsi, pour prendre la vue générale d'une ville, celle d'un monument, il fallait
qu'ils fussent éclairés d'une manière à peu près uniforme ; sans cela, les parties sombres, non éclairées, n'étaient pas encore *venues* alors que les parties blanches, éclairées par le soleil, se trouvaient
*passées.* C'est pour cela qu'on ne pouvait jamais obtenir des nuages en même temps qu'une vue ; c'est
encore pour cette raison que l'on évitait avec soin
les vues dans lesquelles se trouvaient quelques arbres, car ceux-ci venaient noirs. Heureusement,
au fur et à mesure que l'on a présenté des substances accélératrices, ces substances se sont trou-
vées douées de la propriété singulière d'amoindrir
proportionnellement la différence d'action qui existait entre deux corps différemment éclairés ou de
couleur différente. Ainsi aujourd'hui, dans les vues
que nous prenons au soleil en un dixième de seconde, les nuages, les monuments et les arbres
sont représentés tous à la fois et chacun suivant
sa valeur.

D'après ce qui précède, on conçoit que le choix
d'un fond, la couleur des habits n'ont plus actuellement la même importance qu'autrefois (1). Néanmoins, comme règle générale, on adoptera un fond

---

(1) C'est à tort qu'on a imprimé tout récemment : « Qu'il faudra
placer devant la poitrine une chemisette postiche en étoffe bleu-
clair, parce que la chemise blanche est presque toujours solarisée

qui se détache en clair sur les vêtements, mais qui vienne cependant moins clair que le visage; sans cela, celui-ci paraîtrait noir. Les fonds que nous avons adoptés, suivant le teint des personnes, ont les couleurs suivantes : blanc-jaunâtre, bleu-de-ciel, gris clair et gris plus foncé; on comprend que d'autres teintes peuvent être tout aussi bonnes.

Quant aux vêtements, les couleurs les plus sombres sont les meilleures; les robes de satin donneront de très-beaux reflets, et celles écossaises seront reproduites avec des teintes variées qui imiteront, en quelque sorte, leurs couleurs.

lorsque le portrait est terminé. » Depuis un an nous avons fait plus de quinze cents portraits; nous n'avons jamais employé ce moyen, et jamais nous n'avons eu une chemise solarisée.

# DE LA GALVANOPLASTIE [1].

## PAR N.-P. LEREBOURS.

Nous aurions dû laisser à notre ami, M. Boquillon, le soin de décrire tous ces nombreux et nouveaux phénomènes qui viennent de surgir depuis si peu de temps : on sait les appareils qu'il a imaginés, les modifications qu'il a fait subir à d'autres,

---

[1] Dans une brochure récente sur le Daguerréotype, l'auteur, en s'abritant sous des noms honorables, décrit un appareil et des procédés d'électrotypie dont les principes sont consignés, longtemps avant les dates qu'il invoque, dans des brevets dont il a l'air d'ignorer entièrement l'existence. En renversant les conditions logiques de l'électrotype Boquillon, M. C. C. a fait une triple faute : celle de vouloir paraître généreux, en ne donnant que le bien d'autrui ; celle d'augmenter les difficultés et les dépenses de l'opération, en obligeant l'expérimentateur à enlever fréquemment l'épreuve pour la débarrasser de l'hydrogène qui se développe à la surface du dépôt, et à remplacer, à chaque opération, une partie du sulfate de cuivre ; enfin, celle d'exposer les amateurs qui exécuteraient cet appareil ou qui l'achèteraient chez lui, aux conséquences de l'application des lois des 7 janvier et 25 mai 1791.

(*Note de M. Boquillon.*)

les innombrables expériences qu'il a faites. Qui donc, mieux que lui, aurait pu décrire tous les phénomènes de galvanoplastie? qui, mieux que lni, aurait pu poser les lois de ces phénomènes? Malheureusement pour nous, ses nombreuses occupations, ses recherches laborieuses ne lui ont pas laissé le loisir de faire ce traité. Nous avons donc dû, dans cette notice, consigner le peu que nous avons appris, et indiquer la manière dont nous avons opéré.

Tout ce que nous avons dit pour la reproduction des médailles dans l'instruction que nous joignons à l'électrotype de M. Boquillon, s'applique à la reproduction en cuivre des épreuves daguerriennes, qu'on obtient alors redressées, d'un ton chaud, et avec une fidélité et une perfection admirables (1).

Mais les soins à apporter à l'opération exigent des précautions minutieuses dont l'inobservation compromettrait à la fois la planche originale et sa copie.

C'est ainsi, par exemple, que, soit à son premier lavage, soit après sa fixation au chlorure d'or,

---

(1) Les épreuves qui n'ont pas été fixées au chlorure d'or ne peuvent être reproduites d'une manière satisfaisante par l'électrotypie. Les premières reproductions furent obtenues par M. H. Fizeau, et l'on peut dire que ces premiers essais n'ont pas été dépassés depuis, car les grandes planches qu'il obtint étaient admirables : depuis lors, M. Fizeau s'est livré à de nombreuses recherches, qu'il se propose de publier prochainement.

l'épreuve doit être entièrement débarrassée de toute trace d'hyposulfite de soude, sous peine de produire des taches sur tous les points de l'original et de la copie où la plus faible portion de ce sel serait restée.

La plus extrême propreté est en outre indispensable sur la surface de la plaque, si l'on veut éviter sur la copie la reproduction des poussières ou autres corps étrangers que la négligence de l'opérateur y laisserait adhérer.

Ces conditions essentielles remplies, on fixe l'épreuve, par un de ses bords que l'on aura soin de bien aviver par le grattage, à un fil conducteur en cuivre, au moyen d'un écrou qui la presse contre une embase placée vers l'extrémité de ce fil, le même qui, pour la reproduction des médailles, porte la plaque destinée à recevoir le modèle.

On recouvre ensuite d'une couche de vernis, composé d'une partie d'essence de térébenthine et de deux parties de cire jaune, la face postérieure de la plaque, ainsi que les bords et le fil conducteur, y compris l'embase, la vis et l'écrou, pour éviter sur tous ces points un dépôt inutile de cuivre. Il faut avoir bien soin que cette couche de vernis, qui doit être appliqué à chaud, ait une certaine épaisseur, et ne s'interpose pas entre la plaque et le conducteur, où elle détruirait le contact métallique essentiel au succès de l'opération. Une couche de cire jaune, appliquée à chaud, peut remplacer le mélange de cire et d'essençe de térébenthine.

Si l'épreuve est récemment lavée, comme elle doit l'être pour la débarrasser de tous les corps étrangers, il n'est pas inutile de la laisser reposer vingt-quatre heures dans un lieu froid et sec avant de commencer l'opération du dépôt, en ayant soin de la garantir de la poussière. Cette condition a surtout pour but d'empêcher l'adhérence du dépôt à la plaque; mais cependant elle n'est pas indispensable, car j'ai obtenu plusieurs excellentes reproductions de grandes épreuves en opérant immédiatement après le lavage à l'eau distillée. Je dois ajouter aussi que dans ces divers cas j'avais eu préalablement le soin de dégraisser l'épreuve à l'alcool.

On aura soin de bien filtrer le sulfate de cuivre de l'appareil et de commencer l'opération à froid. Lorsque la plaque sera entièrement recouverte de cuivre, on pourra accélérer le dépôt en tenant l'électrotype dans un lieu chaud, et même en remplaçant les liquides froids par des liquides chauffés à 30 ou 40 degrés, et qu'on entretiendra à cette température.

Toutes les autres conditions de l'opération sont celles qui sont décrites dans l'instruction qui accompagne l'électrotype.

En général, on est toujours pressé de voir les progrès de l'expérience. Nous engageons à modérer ce désir, qui peut être fatal au résultat définitif. On devra attendre que le dépôt ait entièrement recouvert la plaque avant de la sortir du bain; et, chaque fois que cela arrivera, pour juger de l'épaisseur du dépôt, on aura soin de ne pas la laisser long-temps au contact de l'air, quelques secondes suffisant, surtout si l'on opère à chaud, pour oxyder la surface au point d'empêcher le dépôt suivant d'adhérer au premier.

Lorsqu'on juge suffisante l'épaisseur du dépôt, et dans ce cas celle d'une forte carte suffit, on le lave à grande eau, puis on le sèche, soit avec de la sciure de bois, soit avec du papier buvard. Si l'on tient à conserver la belle couleur rose-nacré que doit avoir le dépôt au sortir du bain, on hâtera sa dessiccation après un premier essui de l'eau, en le mouillant avec de l'alcool, qu'on épongera également avec du papier buvard.

La séparation du dépôt et de la plaque peut être accompagnée d'un accident qui les gâte tous deux. Il arrive parfois qu'une petite goutte de liquide séjourne inaperçue sous la cire qui recouvre les bords de la plaque, et qu'au moment où, avec la lame d'un couteau, on soulève le dépôt, cette goutte s'introduit dans l'espace capillaire formé par le soulèvement, et vient mouiller le dépôt et la plaque, qui sont infailliblement tachés si le liquide contient encore du sulfate de cuivre.

Le procédé le plus sûr pour séparer les deux

plaques consiste, lorsque le dépôt n'a pas trop d'épaisseur, à couper avec une paire de forts ciseaux une bande d'environ deux millimètres de large sur tout le pourtour des deux pièces, qui se séparent ensuite avec la plus grande facilité.

L'oxydabilité du cuivre étant beaucoup plus grande que celle de l'argent, il faut soustraire le plus vite possible la contre-épreuve au contact de l'air, en la plaçant dans un passe-partout, et surtout bien se garder d'en toucher la surface avec quoi que ce soit, ni même d'y projeter son haleine.

J'ai reproduit ces jours passés, en suivant ces principes, et du premier coup, une grande épreuve qui avait été faite, il y a deux ans, par mon voyageur en Italie. Malgré le temps qui s'est écoulé entre sa production et sa fixation (peut-être un an), et entre cette dernière opération et sa reproduction en cuivre, tout s'est passé pour le mieux, et l'épreuve originale pourrait servir à en obtenir un grand nombre d'autres.

Je me suis servi pour cette reproduction d'une pile de six éléments de 22 centimètres carrés, chargée avec du sulfate de cuivre et du sel marin. En trois heures de temps l'épaisseur du cuivre, qui était d'une p . té et d'une finesse parfaites, m'a permis, après en avoir coupé les bords avec des ciseaux, comme je l'ai dit plus haut, de séparer les deux plaques avec la plus grande facilité.

La précipitation des métaux à l'état métallique

plus ou moins parfait dépend de quelques circonstances que nous allons indiquer.

Si le courant électrique est trop énergique relativement à la force de la solution, l'hydrogène se dégagera avec violence au pôle négatif, et, dans ce cas, le métal sera précipité en poudre spongieuse.

Lorsqu'il n'y a *aucun* dégagement d'hydrogène au pôle négatif, ni même de tendance à ce que ce dégagement ait lieu, le métal sera précipité à l'état cristallin.

Enfin, pour précipiter les métaux à l'état malléable, c'est-à-dire dans toute leur perfection, il faut que l'intensité électrique soit précisément telle, qu'après une action de quelques heures on aperçoive quelques bulles d'hydrogène adhérer au pôle négatif (1).

---

## DE LA DORURE DES ÉPREUVES.

Les nouveaux procédés employés pour superposer les métaux les uns aux autres intéressent au plus haut point toutes les personnes qui portent quelque intérêt à l'industrie. Quelle découverte, en effet, que celle qui permet d'appliquer, avec la

---

(1) Pour mesurer très-exactement les intensités des courants on pourra faire usage d'un galvanomètre.

plus grande simplicité et d'une manière économique, l'or sur l'acier, sur le cuivre, sur l'argent; celui-ci sur l'étain, sur le fer; le platine sur le cuivre, sur le bronze, etc. !

La plupart de ces applications vont créer des arts nouveaux, nous n'avons pas ici à nous en occuper. Néanmoins, la dorure étant un moyen de donner un très-beau ton aux images daguerriennes, je dirai comment je fus amené à produire la première image photogénique qui ait été dorée.

L'année dernière, au mois d'août, n'ayant aucune connaissance des brevets de MM. de Ruolz et Elkington sur leurs nouveaux procédés de dorure, mais curieux de savoir comment se comporterait à froid cet admirable chlorure d'or que nous devons à M. Fizeau, je plaçai une épreuve daguerrienne dans un électrotype, et quel fut mon étonnement, au bout d'un quart d'heure, de voir qu'elle avait acquis un superbe ton d'or ! Je fis voir de suite, comme on le pense bien, ce produit à M. Boquillon, et lui ayant manifesté le désir de le présenter le lundi suivant à l'Institut, il me fit entrevoir que ce résultat, confirmant certaines lois théoriques dont il expérimentait alors d'importantes applications, n'était pas pour lui sans intérêt. Il n'en fallait pas davantage pour suspendre ma présentation, et je me contentai d'adresser à M. Arago une lettre à laquelle je joignis un spécimen, seulement pour prendre date.

Depuis sa communication à l'Institut, M. de Ruolz a bien voulu, par son procédé, me dorer une épreuve ; le ton d'or, un peu foncé et rougeâtre, en était fort beau.

De mon côté, j'ai fait quelques essais avec différents sels d'or. Celui qui m'a le mieux réussi à l'électrotype est le mélange de M. Fizeau. C'est sans doute à l'action énergique de l'électrotype qu'il faut attribuer ce singulier résultat ; car, soit avec des piles de Smee, soit avec la pile à élément de 0,22, dont j'ai parlé plus haut, les dorures à cyanure double avaient un ton peut-être plus riche que les premières ; mais elles n'étaient pas entièrement exemptes de taches.

Si l'on veut opérer à l'électrotype, voici la manière dont on pourra s'y prendre : on remplace le sulfate de cuivre par le liquide de M. Fizeau (le chlorure d'or dissous dans l'hyposulfite de soude), et on acidule très-faiblement le liquide où plonge le zinc. Quelques minutes suffisent pour cette opération, qu'il faut surveiller attentivement en regardant souvent la couche d'or déposé ; car l'opération se prolongeant trop, l'épaisseur de cette couche effacerait successivement toutes les demi-teintes, et altérerait par conséquent le mérite de l'épreuve.

On peut obtenir un dépôt de cuivre sur l'épreuve ainsi dorée ; mais on comprendra facilement que cette contre-épreuve sera moins vigoureuse, parce que la couche d'or, quelque mince qu'elle soit, affaiblit toujours les détails si délicats de l'image daguerrienne (1).

---

(1) Nous devons prévenir les lecteurs que, plusieurs des procédés de galvanoplastie étant brevetés, ils ne pourraient, sans s'exposer à être poursuivis, employer ces procédés à des applications industrielles.

# DÉTAILS PRATIQUES SUR L'EMPLOI DU BROME.

## PAR M. H. FIZEAU.

———

Lorsqu'on expose la plaque iodurée de M. Daguerre à la vapeur du brome, celle-ci est absorbée, et il se forme une couche dont la sensibilité s'accroît avec la quantité de brome absorbée jusqu'à une certaine limite, à laquelle l'image ne se forme plus sous l'influence du mercure. Le point favorable pour opérer est près de cette limite; trop près, l'épreuve commence à se voiler; trop loin, la sensibilité diminue; il fallait déterminer ce point avec précision et l'obtenir avec régularité, ce qui a présenté quelque difficulté.

En effet, on ne peut plus avoir recours ici à la couleur de la couche sensible, qui change peu sous l'influence du brome; le ton jaune-orangé de la plaque se charge bien un peu par la formation du bromure, mais la couleur d'une plaque bromurée à point, et celle d'une plaque qui a dépassé la limite dont j'ai parlé, diffèrent si peu que, par ce moyen, on ne peut apprécier que d'une manière très-incertaine la quantité de brome absorbée, et par suite la sensibilité de la plaque.

La méthode que j'ai proposée est exempte de cette cause d'incertitude; elle consiste à exposer la plaque à la vapeur d'une dissolution aqueuse de brome, d'un titre déterminé, pendant un temps déterminé; je vais tâcher de l'expliquer en détail.

1° *De la dissolution de brome.*

Pour préparer une dissolution de brome d'un titre déterminé et d'une force convenable aux opérations qui nous occupent, on prend pour point de départ la dissolution saturée de brome dans l'eau; on prépare cette eau saturée en mettant dans un flacon de l'eau pure et un grand excès de brome; on agite fortement pendant quelques minutes, et avant de s'en servir on laisse bien déposer tout le brome. (Voir la note 1.)

Maintenant un volume fixe de cette eau saturée est étendu dans un volume fixe d'eau pure, ce qui donne une dissolution de brome toujours identique; ce dosage se fait très-simplement de la manière suivante : une pipette, qui aura encore un autre usage, porte un trait limitant une petite capacité; un flacon porte aussi un trait qui limite une capacité égale à trente fois celle de la pipette; on remplit le flacon d'eau pure jusqu'à la marque, on remplit la pipette jusqu'à la marque de la dissolution saturée de brome; enfin on verse la petite mesure dans le flacon.

La nature de l'eau n'est pas ici sans importance ; ces proportions se rapportent à l'eau pure, et l'on sait que l'eau des rivières, des sources, n'est pas pure ; mais ces différentes eaux peuvent être employées absolument comme l'eau pure, en y ajoutant quelques gouttes d'acide nitrique, jusqu'à ce qu'elles présentent une très-légère saveur acide ; cinq ou six gouttes par litre suffisent pour la plupart des eaux. (Note 2.)

On a ainsi un liquide d'un jaune vif qu'il faut tenir exactement bouché : c'est la dissolution normale, que j'appellerai simplement l'eau bromée pour la distinguer de l'eau saturée.

2° *De la boîte à brome.*

La boîte destinée à exposer la plaque à la vapeur de l'eau bromée peut être d'une construction très-variable ; celle que j'ai employée dès le principe est disposée de la manière suivante :

Elle est en bois et se plie afin d'occuper moins d'espace ; il est bon de la noircir intérieurement avec une couleur inattaquable au brome ; sa hauteur est d'environ 15 centimètres, les autres dimensions doivent être telles que la plaque se trouve dans tous les sens à 3 centimètres environ des parois ; elle se compose de trois parties indépendantes l'une de l'autre : le couvercle, qui est la planchette elle-même ; le corps de la boîte ; enfin le fond, sur lequel est placée la capsule à évaporation ; ce fond mobile a son milieu légèrement creusé, ce qui sert à placer la capsule exactement à la même place dans les diverses expériences.

La capsule à évaporation doit être à fond plat, peu profonde, et avoir une dimension à peu près égale à la moitié de la plaque; elle est recouverte d'un plan de verre de manière à être fermée exactement.

La pipette, dont j'ai déjà parlé, va servir ici à mettre dans la capsule une quantité constante d'eau bromée; elle doit donc avoir une dimension suffisante pour que la quantité de liquide qu'elle contient couvre tout le fond de la capsule.

### 3° *Manière d'opérer.*

J'ai dit qu'il fallait exposer la plaque à la vapeur d'une dissolution de brome, d'un titre déterminé, pendant un temps déterminé; or, pour que l'eau bromée soit au même titre dans des expériences successives, il est évident qu'il faut la renouveler à chaque épreuve; c'est le seul moyen d'avoir une évaporation constante, et je n'ai cru l'emploi du brome praticable que du moment où j'ai eu la pensée d'employer ce moyen bien simple.

Quant au temps pendant lequel la plaque doit rester à la vapeur du brome, on comprend qu'il doive varier suivant la dimension de la boîte, la surface d'évaporation, etc.; mais pour un même appareil, il est constant; avec l'eau bromée au titre indiqué, ce temps doit être compris entre 30 et 60 secondes, suivant les appareils; quelques essais déterminent ce temps une fois pour toutes, pour la boîte dont on se sert.

Je vais indiquer en peu de mots comment tout cela se fait.

On place sur une table le fond seul de la boîte avec sa capsule ; on remplit la pipette d'eau bromée, que l'on fait couler dans un angle de la capsule, après avoir fait glisser le verre dépoli suffisamment pour introduire la pointe de la pipette, et l'on remet le verre en place; alors, si l'appareil n'est pas sur un plan horizontal, on le met de niveau, en se guidant sur la couleur de l'eau bromée à travers le plan de verre; lorsque la capsule est horizontale et que le liquide en couvre uniformément toute la surface, on complète la boîte en posant la seconde pièce sur le fond.

Tout cela étant disposé, et la plaque étant iodée, d'une main on découvre la capsule, de l'autre on place avec précaution la planchette sur la boîte, et aussitôt on compte exactement les secondes; il est bon de retourner la planchette vers la moitié du temps d'exposition, afin d'égaliser l'action du brome.

Pour une seconde expérience il faudra jeter la petite dose d'eau bromée et la remplacer par une semblable; le temps reste alors le même, et les plaques successives présentent absolument la même sensibilité.

A ces détails j'ajouterai des notes sur quelques

difficultés que l'on peut rencontrer en employant le brome.

---

# NOTES.

(1) L'*eau saturée* étant regardée comme constante dans la préparation de l'eau bromée, il faut éviter toutes les causes qui pourraient faire varier la quantité de brome qu'elle renferme; il faut donc, 1° éviter que des corps organiques, comme du bois, du liége, etc., ne tombent dans le flacon, ce qui pourrait former une quantité d'acide bromhydrique assez notable pour que, selon la remarque de M. Foucault, la faculté dissolvante du liquide fût altérée : le flacon doit donc être bouché à l'émeri; 2° éviter de laisser le flacon à la lumière du soleil, qui pourrait produire le même effet; 3° avoir soin que l'excès de brome soit toujours considérable : cet excès est nécessaire pour maintenir saturée la dissolution, qui s'affaiblit toujours par évaporation.

— La température et la nature de l'eau, pourvu qu'elle ne soit pas trop impure, n'exercent pas d'influence notable sur la quantité du brome dissous; on voit donc qu'il est facile d'avoir une dissolution saturée constante.

(2) La quantité de brome que la dissolution normale renferme est si petite, que la faible quantité de sels calcaires et autres que renferment les eaux courantes en absorberait une partie considérable, si l'on employait ces eaux directement; quelques essais m'ont montré que la quantité absorbée par l'eau de la Seine ainsi employée s'élève à environ un quart du brome; d'autres eaux en absorberont certainement davantage, de sorte qu'il est impossible de négliger cet effet. Si l'on avait à sa disposition toujours la même eau, on doserait en tenant compte de cette absorption; mais en voyage, où l'on

trouve des eaux différentes dans chaque localité, on serait obligé de recourir à l'eau distillée pour avoir des résultats constants. J'ai donc cherché un moyen d'employer toutes les eaux sans s'inquiéter de leur composition : il suffit pour cela de détruire par quelques gouttes d'acide les carbonates qui paraissent produire cette absorption ; dès que l'eau exerce une réaction acide, elle se comporte, pour la préparation de l'eau bromée, comme le ferait l'eau distillée. Je dois faire observer que cela ne serait pas vrai pour des eaux sulfureuses même à un très-faible degré.

A cette occasion je ferai remarquer que les hyposulfites absorbant le brome en grande quantité, il faudra faire attention à éloigner l'hyposulfite de soude de l'eau bromée ; la plus petite quantité de ce sel tombant dans la capsule ou dans le flacon d'eau bromée pourrait absorber tout le brome libre.

(3) On peut, lorsque l'on a un flacon plein d'eau bromée, en préparer successivement de grandes quantités sans l'emploi d'une mesure, et seulement en consultant la couleur ; pour cela il faut avoir deux flacons bien semblables, en conserver toujours un plein de la dissolution normale, et préparer dans l'autre une dissolution que l'on amène par tâtonnement exactement à la même teinte que la précédente; avec un peu d'habitude, ce moyen, qui paraît grossier, est susceptible d'une grande exactitude. En voyage, dans le cas où l'on perdrait ou briserait la petite mesure, il pourrait être d'un grand secours.

(4) Les saisons ont quelque influence par leur température sur la force d'évaporation de l'eau bromée : dans l'été, le temps d'exposition au brome doit être moindre qu'en hiver de quelques secondes. Les changements de température ayant cette influence, il faudra éviter, avant d'opérer, d'exposer au

soleil la capsule et la boîte à brome, comme on le fait quelquefois dans l'intervalle des expériences pour dissiper le brome.

(5) Quelques précautions sont nécessaires dans l'emploi de la capsule à évaporation : 1° il faut qu'elle ne soit pas grasse, mais que l'eau bromée s'étende bien sur tout le fond, sans quoi la surface d'évaporation se trouverait changée; lorsque cela arrive, il faut la frotter avec un linge bien propre et quelques gouttes d'alcool. 2° Il faut éviter, en versant ou en mettant de niveau, que l'eau bromée ne mouille les parois jusqu'au verre dépoli, au contact duquel elle s'étendrait sur les bords de la capsule ; ce qui changerait les conditions d'évaporation.

(6) Pour l'exposition au brome et pour l'exposition dans la chambre noire, il faut mesurer exactement le temps; à défaut de chronomètre, rien n'est plus commode que des pendules formés d'une petite balle de plomb suspendue à un fil ; ils peuvent être à seconde ou à demi-seconde, les premiers de 994 millim., les seconds de 248 millim. Lorsque la durée d'exposition dans la chambre noire est courte, il est nécessaire de compter au moins les demi-secondes; avec l'intensité de lumière qui existe dans l'appareil normal de M. Daguerre, il est suffisant de compter les secondes. Si l'on opère au soleil, il faudra de 16 à 22 secondes ; à l'ombre, ce temps sera ordinairement compris entre 40 secondes et une minute.

Lorsque l'on se sert du brome, il devient utile d'adapter aux objectifs des diaphragmes variables, afin d'avoir à volonté une action plus rapide ou une netteté plus grande ; mais il est indispensable que leurs surfaces d'ouverture soient entre elles dans des rapports simples. On peut ainsi faire varier l'intensité de la lumière dans des rapports connus, et, pour obtenir un même effet, les temps devant être en raison inverse des intensités, on voit que la durée d'exposition qui correspond à chaque diaphragme varie dans un rapport simple et connu, ce qui permet d'opérer avec ces diaphragmes variables aussi sûrement qu'avec un diaphragme fixe.

Ce moyen a été adopté avec empressement par un habile artiste, M. Lemaître, qui a le premier fait usage du brome pour de grandes épreuves.

(7) Une chose très-importante est d'éviter de soumettre la plaque à l'opération du mercure dans un lieu où une odeur de brome se fait sentir : en effet, pendant que la planchette est transportée du châssis dans la boîte au mercure, la plaque impressionnée se trouve un instant en contact avec l'air chargé d'une petite quantité de brome, et dans ce cas l'effet produit par l'image de la chambre noire peut être entièrement détruit ; en sorte que sous l'influence du mercure il ne se forme plus d'image sur la plaque.

Cet effet tend à se produire partiellement sur les bords de la plaque, lorsque celle-ci est fixée sur une simple planchette; car alors le bois, légèrement imprégné de brome en même temps que la plaque, émet continuellement des vapeurs très-faibles, il est vrai, mais suffisantes pour détruire l'action de la lumière sur les bords de la plaque. On évitera cet effet en couvrant les bords de la planchette jusqu'aux épaisseurs avec un métal quelconque; du zinc ou des feuilles minces d'étain rempliront fort bien ce but.

L'iode a la même action que le brome; mais étant moins volatil, il est moins à craindre. Je crois que c'était une action de cette espèce, et non une inégale épaisseur de la couche sensible, qui produisait les épreuves à bords noirs que M. Daguerre évitait si bien par ses bandelettes de plaqué.

Je crois aussi que cette même action explique très-bien cette singulière anomalie observée par tant d'opérateurs, qui consiste dans l'impossibilité presque absolue d'opérer avec certaines chambres noires. Presque toujours alors la chambre noire renferme la boîte à l'iode ; celle-ci perdant toujours un peu, les parois de la chambre noire s'imprègnent d'une petite quantité d'iode qui s'en dégage incessamment ; lorsque la plaque subit l'action de la lumière , elle se trouve ainsi en contact avec de faibles vapeurs d'iode qui neutralisent en tout ou en partie l'action de la lumière.

On évitera donc que le châssis à plaque et la chambre noire puissent s'imprégner de brome ou d'iode ; si cela arrivait, il faudrait exposer le bois ainsi imprégné au grand air et au soleil pendant quelque temps.

Hippolyte **FIZEAU.**

**FIN.**

Fig. 1.

Fig. 2.

Fig. 3.

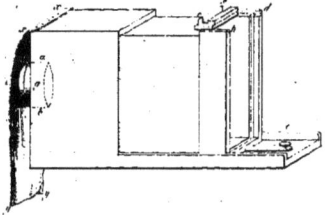

Fig. 5

Fig. 8.

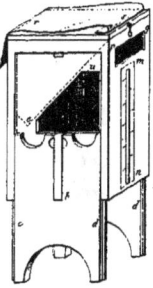

Fig. 4.

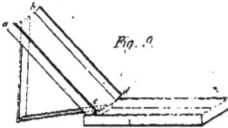

Fig. 9.

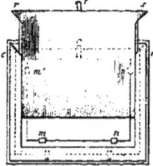

Fig. 6.

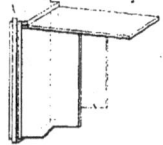

Fig. 7.

Fig. 13.

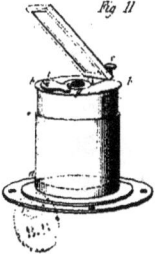

Fig 11

Fig. 10.

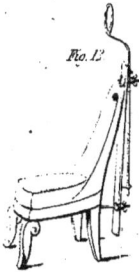

Fig. 12.

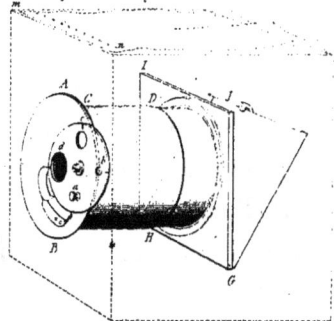

# TABLE DES MATIÈRES.

# PRIX-COURANT

DES

# DAGUERRÉOTYPES

## DE N.-P. LEREBOURS,

Fabricant d'Instruments d'Optique, de Mathématiques et de Marine ;

MAGASINS PLACE DU PONT-NEUF, 13; ATELIERS RUE DE L'EST, 13.

---

**Appareil normal de M. Daguerre**, perfectionné ; entièrement en noyer, objectif de 0$^m$,08; pharmacie complète, six plaques au 30$^{me}$ de 0$^m$,16 sur 0$^m$,22, etc. . . . . . . . 300 fr.

**Appareil** dit 1|2 plaque, ébénisterie en noyer. Les mêmes accessoires qu'aux grands. . . . . . . . . . . . 200
    Id.    dit 1|3 de plaque.    Id.    Id. . . . . 150
    Id.    dit 1|4 de plaque.    Id.    Id. . . . . 150
    Glace parallèle pour adapter aux appareils ci dessus. . de 25 à 50

**Daguerréotype** dit à portrait. . . . . . . . . . . 70
Avec cet appareil il faut, en moyenne, pour faire le portrait, de 1 à 5 secondes; pour les vues, une fraction de seconde.
    Objectif de l'appareil ci-dessus avec sa monture en cuivre à crémaillère. . . . . . . . . . . . 25

**Nouvel appareil Gaudin.** . . . . . . . . . . 100
Cet appareil, construit en noyer d'après un principe entièrement nouveau, permet, dans les circonstances favorables, d'opérer en un dixième de seconde; il est muni de diaphragmes variables, et la boîte contient, outre la pharmacie ordinaire, la planchette pour polir, le pot et la glace pour le bromure d'iode, avec les deux flacons, le chlorure d'or et le support pour fixer les épreuves, etc.

    La chambre noire seule entièrement en cuivre, ou partie en bois. 40

Nous garantissons les objectifs, les six plaques et toutes les substances que nous livrons avec nos appareils comme étant ce qu'il y a de plus parfait ; si quelques-uns de nos prix sont plus élevés que ceux de plusieurs tarifs, il faut l'attribuer à ce que nos instruments sont plus complets, et à ce que l'ébénisterie en est très-soignée.

Les plaques des deux appareils ci-dessus ont 7 centimètres sur 8 ou $\frac{1}{6}$ des grandes.

Objectif-double et sa monture, dit *système allemand*, pour plaque de 0$^m$, 16 sur 0$^m$, 22. . . . . . . . . . 260 fr.
    Id.    pour 1/2 plaque. . . . . . . . . 150
    Id.    pour 1/4 de plaque. . . . . . . . . 75
Ces deux derniers se mettent au foyer avec un pignon.

Ces Objectifs sont avantageux pour les grands appareils, en ce qu'ils opèrent beaucoup plus rapidement que les anciens.

# FOURNITURE

## DE TOUT CE QUI EST RELATIF AU DAGUERRÉOTYPE.

---

| | | |
|---|---|---|
| 0,16 sur 0,22 | 4 fr. | 50 |
| Plaques garanties au 50ᵉ pour tous les appareils ci-dessus de . . . . . . . . . . { 1/2 — | 3 | |
| 1/3 — | 2 | |
| 1/4 — | 1 | 50 |
| 1/6 — | 1 | |

Nous espérons pouvoir livrer bientôt à nos correspondants des plaques irréprochables, **obtenues par les nouveaux procédés de galvanoplastie.**

Verre jaune ou rouge pour les procédés accélérateurs de M. Becquerel, ou pour les boîtes à mercure des appareils, de 16 centimètres carrés. . . . . . . . . . . . 2 et 3

Potée d'émeri pour enlever la batiture, les 500 grammes.  5

Tripoli calciné, le kil. . . . . . . . . . . . .  8

Rouge à polir, première qualité, 50 grammes. . . . . .  2  50

Flacon d'eau bromée. . . . . . . . . . . .  1

Dissolution alcoolique d'iode. . . . . . . . . . .  1

Chlorure d'iode (avec instruction). . . . . . . . .  5

Bromure d'iode (avec son flacon d'eau bromée et instruction).  4

Le pot et la glace pour le bromure d'iode. . . . . . .  2

Coton superfin, le kilogr. . . . . . . . . . . .  8

Brome, 25 grammes, avec flacon. . . . . . . . . .  4

Flacon d'hyposulfite, 500 grammes. . . . . . . . .  10

Flacon    id.    d'iode, 250 grammes. . . . . . .  10

Support en cuivre pour passer au chlorure d'or. . . . .  5

Support pour appuyer la tête. . . . . . . . . . . 10 et 30

Passe-partout pour plaque de 0ᵐ,22 sur 0ᵐ,16. . . . . .  2  50

   Id.    pour 1/2. . . . . . . . . . . .  1  75

   Id.    pour 1/3. . . . . . . . . . . .  1  50

   Id.    pour 1/4. . . . . . . . . . . .  1  25

   Id.    pour 1/6. . . . . . . . . . . .  1

Chlorure d'or tout préparé pour fixer les épreuves, le 1/2 litre.  5

   Id.    pour colorer les épreuves et les fixer à froid. .  3

Pied à six branches pour daguerréotype. . . . . . . .  15

   Id. brisé. . . . . . . . . . . . . . .  35

Cuvettes carrées de toutes grandeurs pour *toutes* les substances accélératrices, et principalement l'eau bromée. .  2 à 6

Petite seringue en verre divisée pour mesurer le brome. . .  1

Pendules pour compter les secondes ou les 1/2 secondes. .  1

*Prix de quelques nouveaux Appareils.*

---

## ÉLECTROTYPES BREVETÉS DE M. BOQUILLON,

### Prix : 20 fr.

Ces appareils peuvent être employés pour reproduire, en cuivre, d'une manière identique, des médailles, bas reliefs, épreuves de Daguerréotypes, etc. Ils peuvent servir aussi à dorer les images photogéniques et tout autre corps.

Pile de Smee de 0m,10 sur 0m,15 . . . . . . . . . . . . . 50 fr.

Pile de Daniel à courant constant, un seul élément forme ronde . . . . . . . . . . . . . . . . . . . . . . 20

Pile de Daniel, un seul élément de 0m,20 carrés. . . . . . 25

Id. de 6 éléments. . . . . . . . . . . . . . . . . 125

Id. de 12 éléments. . . . . . . . . . . . . . . . . 240

Id. perfectionnée par Spencer. . . . . . . . . . . . 50

Ces piles peuvent être employées avec succès, pour toutes les applications de la galvanoplastie.

---

## NOUVELLES LORGNETTES IMPÉRIALES

(Présentées à l'Institut le 29 novembre dernier).

Ces nouvelles jumelles sont construites dans un très-bon système optique; à l'aide d'un mécanisme très-simple et très-ingénieux, elles rentrent sur elles-mêmes, ce qui rend les plus grands diamètres très-portatifs.

---

## NOUVELLES LUNETTES GALVANISÉES

### AVEC VERRES ET ÉTUI.

### Prix : 10 et 15 fr.

Ces lunettes brevetées, en ressort d'acier, sont dorées par les nouveaux procédés électriques; elles ont l'avantage d'être inoxydables, et sont beaucoup plus solides que les lunettes d'or.

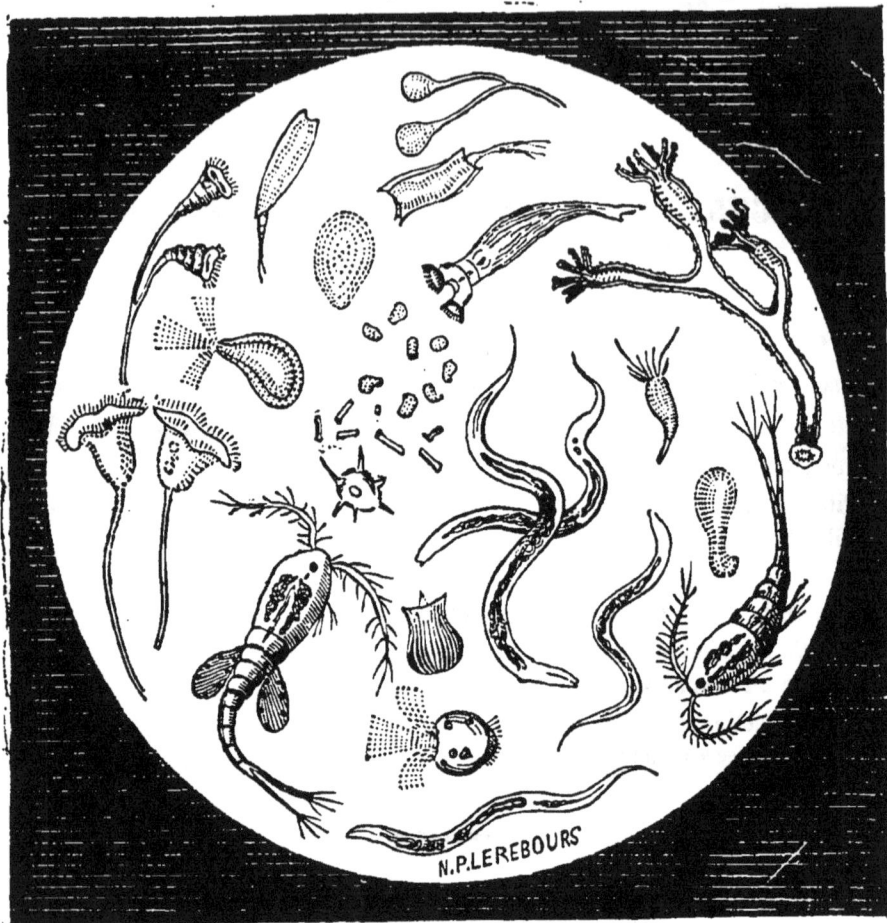

APPARENCE D'UNE GOUTTE D'EAU STAGNANTE

# VUE AU MICROSCOPE STANHOPE[1].

---

## *Monté en argent, prix : 5 fr.*

---

Cette lentille, que nous avons importée d'Angleterre, a de très-grands avantages : son champ est aussi étendu que celui de beaucoup de Microscopes composés, sa lumière est plus grande que celle de tous les Microscopes simples, et son amplification est consi-

---

(1) Chez N.-P. LEREBOURS (*), opticien de l'Observatoire, place du Pont-Neuf, 13.

(*) Notre nom est poinçonné sur toutes nos montures.

dérable ; étant formée par un cylindre en verre dont l'une des surfaces (la plus plate) est au foyer de l'autre, il n'y a qu'à y appliquer l'objet qui s'y maintiendra de lui-même (1).

Le peu de volume et l'extrême facilité avec laquelle on emploie cet instrument le rendent vraiment précieux pour les naturalistes. Les amateurs et les gens du monde le rechercheront pour toutes ses propriétés ; rien de plus curieux que la poussière des étamines ! les anguilles du vinaigre et celles de la colle de pâte y seront vues avec d'énormes proportions ; enfin si, las de contempler les formes des insectes, ils veulent observer un spectacle d'une grande magnificence et d'un grand intérêt, ils examineront les cristallisations des sels et verront se former des cristaux admirables d'élégance et de régularité. Dans les ménages, ses applications ne sont pas moins nombreuses ; il peut indiquer les falsifications qu'on fait subir à beaucoup d'aliments : l'addition de la fécule dans les farines, dans le chocolat, etc.

Cet instrument, comme Microscope de poche, pourra rendre de grands services ; dans les excursions, il permettra d'observer immédiatement et sans aucune préparation, les corps qu'on rencontre et qui souvent ne peuvent être conservés ; son *amplification considérable* et son *grand champ* laissent voir souvent des détails qui seraient restés inaperçus à la loupe, et qu'on n'a pas toujours le loisir d'observer au Microscope composé.

Nous construisons, depuis quelques jours seulement, des Stanhopes qui ont une amplification de 80 diamètres (6,400 fois en surface) ; ceux-ci permettent d'observer les stries des poussières de papillon, les globules du sang, enfin la plupart des animalcules ; ils sont munis d'un écran pour l'œil, et d'un tube qui ne laisse arriver sur la lentille que les rayons parallèles. Prix : 8 fr.

Ces instruments ont été présentés à l'Académie des sciences et à la Société d'encouragement.

(1) Il ne faut pas confondre cette lentille avec quelques microscopes connus à Londres sous les noms de sphères de M. Brewster, lentille de Coddington ou à œil d'oiseau : dans celles-ci, les surfaces sont égales ; il n'en est pas de même dans la lentille Stanhope.

### Manière d'en faire usage.

Après s'être assuré que les deux surfaces de la lentille sont bien propres, on appliquera le corps transparent sur le côté le moins convexe; pour un très-grand nombre d'objets, tels que les pollens, les poussières ou écailles de papillon, etc., on fera condenser la vapeur de l'haleine, et il suffira alors d'appliquer cette surface sur le corps lui-même : il gardera autant de poussière qu'il en faut.

Pour les liquides, il faudra avoir soin d'essuyer la lentille avec un linge bien propre; car, si elle était grasse, il se formerait immédiatement une petite goutte qui n'adhérerait pas à la totalité de la surface. Si l'on veut observer les animalcules qui forment souvent une espèce de pellicule sur les liquides, on y plonge le côté plat, seulement de manière à le mouiller entièrement, et, par une petite secousse, on fera détacher de la lentille l'excédant du liquide.

Lorsqu'on voudra examiner des infusoires visibles à la simple vue, on mouillera légèrement la surface plate; puis, avec la barbe d'une plume, on les y transportera.

Pour étudier les corps membraneux d'une certaine étendue, il sera bon quelquefois de les mouiller, cela augmentera leur transparence, et ils adhéreront mieux avec sa surface.

Toutes les fois qu'on se servira d'une lampe ou d'une bougie, on dirigera l'axe du cylindre vers la lumière; dans ce cas, le Microscope produira *toujours* un excellent effet ; cela est dû à ce que les rayons qui arrivent sur la première surface sont sensiblement parallèles.

Pour obtenir la même distinction dans *toutes les observations faites le jour*, il est *indispensable* d'appliquer la main fermée en forme de cornet devant la lentille, *l'ouverture la plus étroite du cône* devant être *la plus éloignée* de la lentille; par cette disposition, on évite la lumière diffuse, et les rayons qui arrivent à la surface sont presque parallèles. Plus les corps sont transparents, plus l'ouverture devra être étroite : ici l'habitude d'observer aura bientôt appris à trouver les circonstances les plus favorables. L'œil devra toujours être appliqué le plus près possible de la lentille.

Microscopes Gaudin à une lentille. . . . . . . 6 fr.

*Id.* à deux lentilles . . . . . . 9

Ces instruments ne sont pas plus volumineux qu'une petite tabatière; le procédé employé pour la fabrication de ces lentilles permet de les faire d'un foyer excessivement court. Ainsi, dans celui à deux lentilles, les amplifications seront d'environ 60 fois et 300 fois.

## LENTILLES CODDINGTON.

Ces lentilles sont pour les corps opaques, ce que celles Stanhopes sont pour les corps transparents. Elles sont montées de même ; leur amplification est de 30 fois. . . . . . . . . . . . 8 fr.

Id. avec monture à recouvrement. 16

**182 MÉGAGRAPHE de MM. Lefebvre et Percheron. Prix. . . 350 fr.**

Cet ingénieux appareil permet de dessiner par un simple calque tous les objets microscopiques; de sorte que l'observateur le moins expérimenté peut reproduire avec une fidélité parfaite les insectes les plus compliqués. On comprend l'importance de son application à l'entomologie, et à toutes autres parties de la science dans lesquelles on a recours au microscope. Nous venons d'appliquer à cet appareil les procédés du Daguerréotype; tous les objets peuvent se reproduire depuis la grandeur comme nature jusqu'à une amplification de 50 fois et plus.

## PORTRAITS INSTANTANÉS

par tous les temps possibles,

### SOUS UN PAVILLON ENTIÈREMENT EN VERRE BLEU.

Prix : 15 fr.

# MICROSCOPES ACHROMATIQUES SIMPLIFIÉS
## DE N.-P. LEREBOURS.

|  | francs. | francs. |
|---|---|---|
| CONSTRUCTION n° 1 (9 amplications variables depuis 25 fois jusqu'à 270). . . . . . . . . . . . . . . . . | 63 | |

Trois lentilles achromatiques, un oculaire, vis estampée dite à procédé pour ajuster au point de vue, diaphragmes variables, instruments de dissection, auge pour la circulation du sang et celle de la sève, pièce pour les infusoires, collection d'objets préparés et de verres plans.

| CONSTRUCTION n° 2 (18 amplifications variables depuis 25 fois jusqu'à 480). . . . . . . . . . . . . . . | 80 | |

Cet instrument ne diffère du N° 1 que par l'addition d'un second oculaire plus fort, et par celle d'une loupe à lumière nécessaire pour l'étude des corps opaques.

| CONSTRUCTION n° 3 (18 amplifications variables depuis 25 fois jusqu'à 480 ). . . . . . . . . . . . . . | 90 | |

Entièrement semblable au N° 2, si ce n'est que la vis estampée pour mettre au foyer, est remplacée par un bouton de crémaillère.

Tous ces instruments sont renfermés dans des boîtes très-soignées, et accompagnés d'une brochure explicative.

Ces microscopes, présentés à l'Institut l'année dernière, ont dû le grand succès dont ils jouissent, autant à l'universalité de leur usage qu'à leur extrême bon marché.

La lentille la plus faible, employée seule, a une amplification excessivement faible : ainsi les gens du monde, qui ne voient dans le microscope qu'un passe-temps, pourront examiner des insectes entiers sans éprouver les difficultés qu'ils rencontraient dans les autres instruments qui ont un champ fort rétréci ; quant aux puissants grossissements, notre combinaison la plus forte dépasse de beaucoup les limites nécessaires, pour voir parfaitement les objets les plus difficiles.

## LENTILLES ACHROMATIQUES
### PLUS FORTES QUE TOUTES CELLES FAITES JUSQU'A CE JOUR.

Ces lentilles employées avec des oculaires d'une force ordinaire, produisent sans la moindre trace d'aberration, avec un achromatisme et une netteté parfaits, une amplification de 1,000 à 1,500 fois.

Prix du jeu composé de 3 lentilles : 60 fr.

## CATALOGUE COMPLET
### d'Instruments
### d'Optique, de Physique, de Mathématiques et de Marine
#### QUI S'EXÉCUTENT DANS LES ATELIERS
### DE N.-P. LEREBOURS;
Suivi de Notes chronologiques sur les grands Instruments d'Astronomie.
## 1840. Prix : 1 fr. 50 c.

# NOUVELLES

# EXCURSIONS DAGUERRIENNES

L'album intitulé : *Excursions daguerriennes* est devenu pour ainsi dire un livre populaire. A peine la France eut-elle adopté, avec des transports légitimes, le noble instrument inventé par Daguerre, que le daguerréotype commença son tour d'Europe, ramassant de côté et d'autre les plus doux aspects, les plus vieux édifices, les plus riches et les plus nobles monuments des beaux-arts ; mais aussi la France et l'Europe ont-elles été étonnées et charmées de se voir reproduites, dans cette image fidèle, avec toutes les grâces de l'imprévu.

Ainsi, jusqu'à ce jour, on peut regarder le premier volume des *Excursions* comme la manifestation la plus puissante de cet instrument nouveau qui commande à la lumière, et qui fait, pour ainsi dire, du soleil un dessinateur toujours prêt, toujours inspiré. Ce livre atteste, plus que tout autre livre, la toute-puissance du daguerréotype ; il a fait faire des progrès tout nouveaux à ce grand art ; il a agrandi son domaine outre mesure. Quelques esprits chagrins prétendaient, avant la publication des *Excursions daguerriennes*, que le daguerréotype était un jouet d'enfant ; la publication de M. Lerebours a prouvé aux plus incrédules que c'était là une science sérieuse, féconde en résultats et en découvertes.

Il suffit, au reste , de parcourir ce premier album d'un regard tant soit peu enthousiaste pour les beaux-arts , et
soudain vous reconnaîtrez avec amour , avec respect, les
monuments de l'Italie éclatant sous leur beau ciel ; les chefs-
d'œuvre de la Russie, sur lesquels se projette la calme lumière de leur pâle soleil. Arrive à son tour l'Espagne
brûlante et brûlée , et cette fois la lumière brutale et hardie
se plonge, avec rage , dans les plus fines broderies de ces
nobles pierres. Ainsi , non-seulement vous arrivez à la
vérité la plus exacte du dessin, mais à la vérité la plus
exacte de la couleur. Vous réuniriez les plus excellents
dessinateurs de la terre , nous disons Raphaël et Titien ;
les plus vigoureux coloristes, Véronèse et Rembrandt , que
jamais vous n'arriveriez à un pareil résultat.

Voilà donc l'entreprise daguerrienne dignement posée par
sa première publication ; mais, nous l'avouons sans remords,
ce premier livre , tout beau qu'il est en effet, n'est encore
qu'à l'état d'essai et d'espérance. De bonne foi, nous serait-il
permis, pour quelques beaux monuments pris au hasard
dans le monde des chefs-d'œuvre , d'arrêter là notre œuvre
commencée , de briser le noble instrument après ses premiers efforts ? Non pas , certes. Nous voulons compléter ce
travail , qui ne sera jamais complet tant qu'un monument,
ancien ou moderne, n'aura pas conquis sa place dans cet
admirable album des temps passés et du temps présent. Bien
plus, le remords nous a déjà pris quand nous nous sommes
mis à penser à combien d'oublis impardonnables nous nous
sommes trouvés exposés dans cette publication nationale.
Quoi donc ! pendant que nous étions occupés dans l'Europe
entière, nous laissions en oubli les monuments de la France,
la mère-patrie de tant de monuments illustres. Nous étions
bien loin à la recherche des chefs-d'œuvre de l'Italie , de

l'Espagne et de la Russie, et cependant la vieille Bretagne, tout le Midi de la France, ses vestiges romains, ses édifices catholiques, ses ruines, ses églises, ses paysages, tout cet ensemble avec lequel MM. Charles Nodier et Taylor composeront cinquante volumes in-folio, appelaient en vain à l'aide de leur gloire et de leur popularité l'instrument de Daguerre. Eh quoi ! nous avons dessiné et gravé le dôme de Pise avant la façade de Notre-Dame de Paris, la Tour penchée avant la colonne de la place Vendôme, la fontaine de l'Ammonato avant la fontaine de la place Louvois, le Palais-Vieux avant l'Hôtel des Invalides ! Nous avons donné le Kremlin avant l'arc-de-triomphe de l'Étoile !

Dans le livre nouveau que nous annonçons, comme le complément indispensable de notre publication première, ces oublis incroyables seront réparés ; ou pour mieux dire ce n'étaient pas là des oublis, c'est que tout simplement nous voulions essayer notre art sur les chefs-d'œuvre de l'étranger, et garder la perfection pour les œuvres de la patrie. Cette fois donc, nous n'irons pas si loin chercher nos modèles. Nous nous adresserons tout simplement à la patrie française. Bordeaux nous prêtera son théâtre, son port, son église ; Lyon, sa vieille église et ses sublimes hauteurs. Nous emprunterons à Chartres sa cathédrale ; à Rouen ses monuments de l'art gothique ; leurs châteaux à Versailles et à Fontainebleau. Nous traverserons avec respect la ville des papes, Avignon. Nous foulerons d'un pied superbe le pont du Gard qui se souvient des Romains de César ; Besançon, Châteaudun, Château-Gaillard poseront à leur tour devant le daguerréotype-Lerebours.

Puis, cet hommage mérité rendu à la France, rien ne nous empêchera de nous occuper, encore une fois, du reste de l'Europe. Nous retournerons à Florence pour y chercher les portes du Baptistère; à Turin, pour y prendre la vue du Château ; à Venise, pour copier la Maison dorée. Bien plus, Constantinople nous appelle; nous avons même le projet de vous mener sur la grande place de Nimègue. Et enfin, si le temps nous le permet, nous projetterons notre fidèle miroir sur les pagodes de l'Inde, sur les maisons de la Chine , sur les monuments fabuleux de l'Amérique du Sud.

Au reste, notre fidélité à remplir nos promesses premières est un sûr garant de notre exactitude pour l'avenir. Notre premier livre des *Excursions* annonce suffisamment le second. Cette fois comme la première nous nous appuierons sur le concours d'artistes et d'écrivains illustres, dignes les uns et les autres de reproduire, par le burin et par la plume, les mêmes chefs-d'œuvre que l'instrument de Daguerre reproduit par l'ombre, la lumière et le soleil.

### Vues projetées dans la seconde partie des Excursions daguerriennes.

**Paris.**
- Façade de Notre-Dame de Paris.
- Côté de l'abside.
- Colonne de la place Vendôme.
- Fontaine de la place Louvois.
- Porte de la Bibliothèque du Louvre.
- Hôtel-de-Ville.
- Hôtel des Invalides.
- Arc-de-triomphe de l'Étoile.

**Bordeaux.**
- Pont de Cubsac.
- Grand-Théâtre.
- Place Royale et le pont.
- Sainte-Croix.

**Lyon.**
- La cathédrale.
- Vue générale.
- Deux autres vues.

Trois vues de Chartres.

Quatre vues de Rouen.

Deux vues de Versailles.

Une vue de Fontainebleau.

Une vue d'Avignon.

Une vue du pont du Gard.

Quatre vues de Reims, Soissons, Besançon, etc.

Six vues des principaux châteaux de France, tels que Châteaudun, Château-Gaillard, etc.

---

Portes du Baptistère, à Florence.

Une vue du château, à Turin.

Maison dorée, à Venise.

Grande place, à Nimègue.

Deux vues de monuments de Londres.

Deux vues de Constantinople ou de Saint-Pétersbourg.

Nous comptons compléter les 60 vues par les planches les plus importantes des monuments français qui nous parviendront pendant la durée de notre publication, ainsi que par 6 ou 8 vues de l'Inde, de la Chine et de l'Amérique du Sud.

La liste des souscripteurs sera imprimée à la fin du second volume.

La première série forme un Album composé de 60 planches; le prix est de 100 fr.

—◈—

Cette nouvelle série d'un livre qui peut être complet en un seul tome ou en deux tomes, car ils ne tiennent l'un à l'autre que par le lien peu gênant qui unit, par exemple, la France à l'Italie, Paris à Florence, se composera de 60 planches. Cette deuxième série sera publiée, comme la première, par livraisons de 4 planches qui paraîtront tous les deux mois, de telle façon à ce que l'ouvrage sera terminé dans l'espace de trente mois.

Les matériaux précieux que nous possédons déjà, le nombre peu considérable de planches que nous aurons à publier par année et une convention faite avec nos plus habiles graveurs, tout nous porte à promettre des planches du plus haut intérêt et d'une exécution tout à fait irréprochable.

Au choix des sujets, nous avons voulu joindre celui des textes, qui seront confiés à nos écrivains, à nos archéologues, à nos artistes les plus célèbres. Aux noms des J. Janin, des Charles Nodier et des Taylor se mêleront ceux de MM. de Contencin, Ed. Dusommerard, Horeau, Lassus, Visconti, etc., etc.

L'extrême exactitude de ce livre, son prix peu élevé, les célébrités qui concourent à son exécution, ce sont là autant de causes qui doivent assurer le succès de notre publication.

Nous ne saurions, en terminant, témoigner trop de reconnaissance à MM. Horace Vernet, Joly de Lotbinière et Goupil pour les belles épreuves qu'ils ont bien voulu nous confier. MM. le comte de Colbert, de Contencin, Ed. Jomard ont aussi des droits acquis à notre gratitude; il est impossible en effet d'avoir une plus riche collection, et d'en disposer avec plus de bienveillance et de générosité.

La première livraison des *Nouvelles Excursions daguerriennes* paraîtra le 1er juillet, *si au 15 mai prochain nous avons reçu 150 souscriptions.*

Messieurs les souscripteurs de la première série qui souscriront aux *Nouvelles Excursions*, recevront une seconde épreuve de la Place du Grand-Duc et une épreuve de la Tour penchée plus satisfaisantes que les premières. Trop heureux serons-nous, si ce nouveau sacrifice peut être agréable à messieurs les souscripteurs qui voudront bien rester fidèles à cette entreprise qu'ils ont encouragée les premiers.

Le prix de chaque livraison, composée de 4 planches imprimées sur papier de Chine, format quart jésus satiné, fabriqué tout exprès, et de 8 à 10 pages de texte, est de 6 fr.

On fera tirer seulement 50 exemplaires, édition de luxe imprimée sur Chine, grand papier quart colombier satiné, 8 fr.

Les mêmes, imprimées en couleur et très-bien coloriées, 15 fr.

Chaque planche en noir, accompagnée de son texte, 1 fr. 75 c.

### On souscrit à Paris chez :

N.-P. LEREBOURS, opticien de l'Observatoire, place du Pont-Neuf, 13;
GOUPIL et VIBERT, éditeurs d'estampes, boulevard Montmartre, 15;
HECTOR BOSSANGE, commissionnaire pour l'étranger, quai Voltaire, 11;
BURON, fabricant d'instruments d'optique, rue des Trois-Pavillons, 10;
AUBERT, éditeur d'estampes, place de la Bourse;
SUSSE frères, place de la Bourse.

### A Londres :

Chez MM. CLAUDET et HOUGHTON, High-Holborn, 89; ACKERMAN, Strand,  ; et W. JEFFS, Burlington-Arcade, 15, Picadilly.

Et chez les principaux libraires, opticiens et marchands d'estampes de la France et de l'étranger.

Paris. imprimé par Béthune et Plon, rue de Vaugirard, 36.

# VUES PUBLIÉES DANS LA PREMIÈRE SÉRIE

### DES

# EXCURSIONS DAGUERRIENNES.

La première série forme un Album composé de 60 Planches,
et de 150 pages de texte.

## Le prix est de 100 francs.

# INSTRUCTION PRATIQUE
## SUR LES MICROSCOPES,
### PAR N.-P. LEREBOURS.

2e édition, avec Planche gravée sur acier. Paris, 1844. Prix : 2 fr.

Pour donner une idée de l'utilité de cet ouvrage, qui contient un résumé de tout ce qui a été publié sur la Microscopie, nous transcrirons seulement ici la table des matières.

## Pour paraître en 1842 :

### TRADUCTION

DU

# MICROSCOPIC CABINET DE M. PRITCHARD,

AVEC NOTES

### DE N.-P. LEREBOURS.

12 *Planches gravées, à Londres, par les premiers artistes.*

Publiée par N.-P. LEREBOURS, opticien de l'observatoire et de la Marine.

## 1 fort volume in-8°.

IMPRIMÉ PAR BÉTHUNE ET PLON, A PARIS.

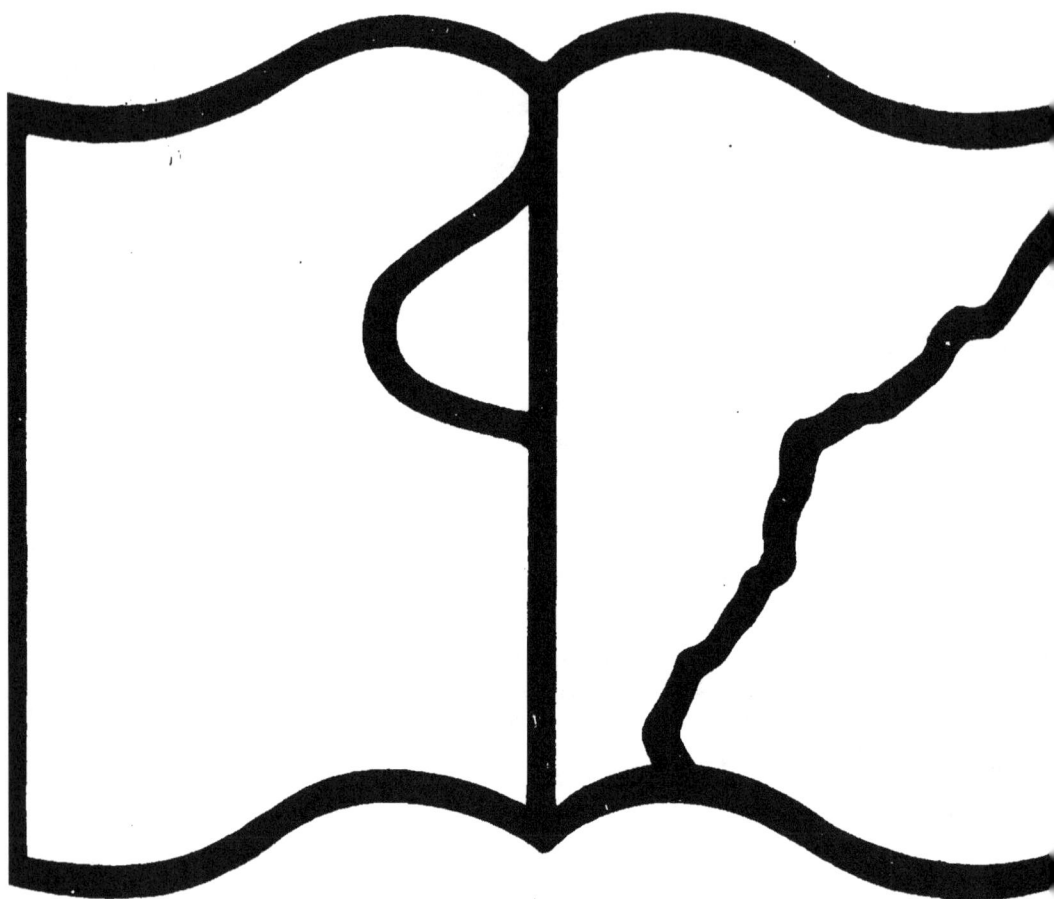

Texte détérioré — reliure défectueuse

**NF Z 43**-120-11

www.ingramcontent.com/pod-product-compliance
Lightning Source LLC
Chambersburg PA
CBHW060624200326

41521CB00007B/880